思考之手

——建筑中的存在与具身智慧

[芬兰] 尤哈尼·帕拉斯玛（Juhani Pallasmaa）著
任丛丛 刘 星 译
姜 山 唐克扬 校

中国建筑工业出版社

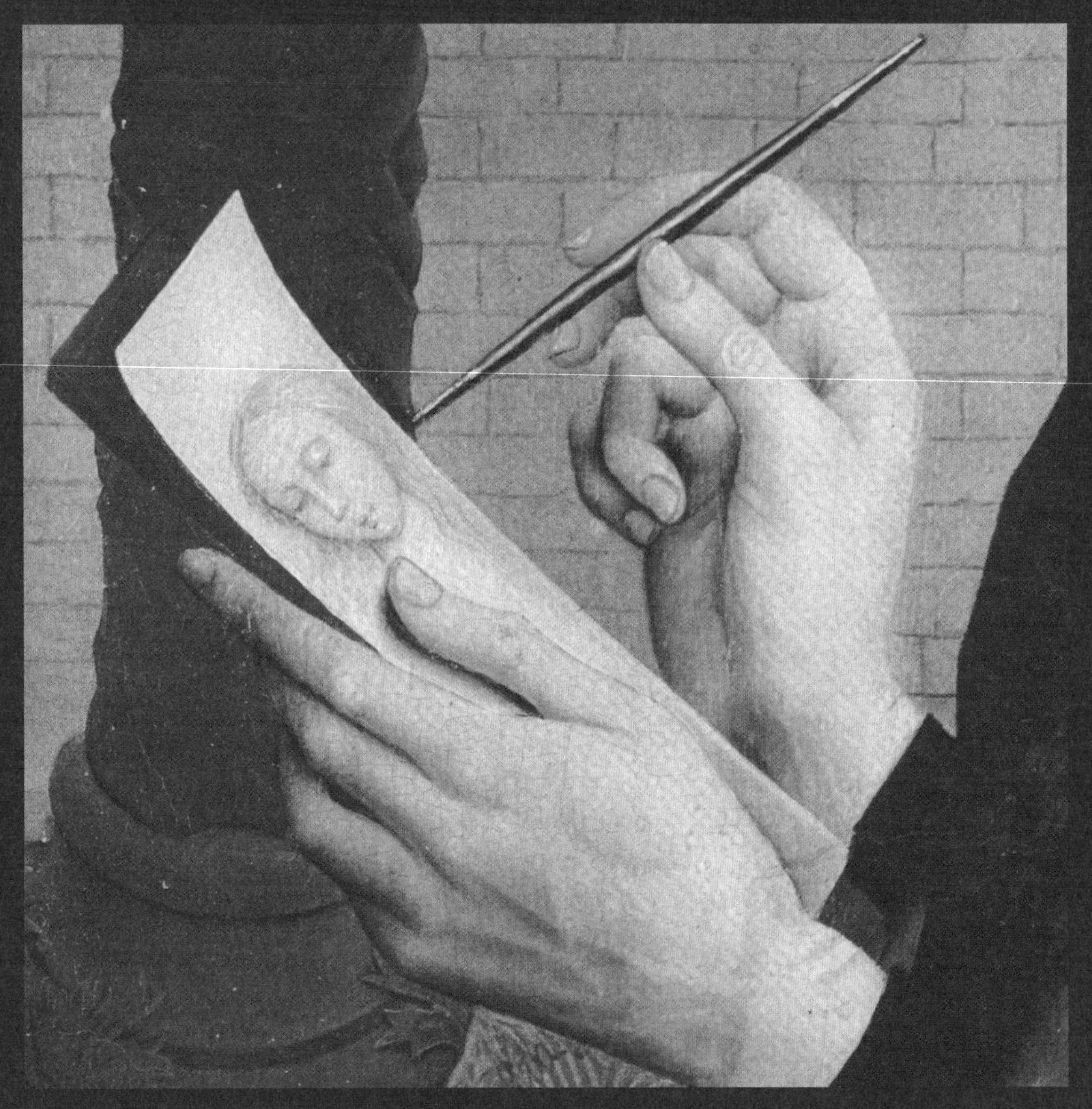

Rogier van der Weyden 罗吉尔 · 凡 · 德尔 · 韦登
Pyhä Luukas piirtämässä Neitsyen muotokuvaa
《圣路加为圣母画像》
102.5 cm × 108.5 cm
Eremitaasi, Pietari 圣彼得堡艾尔米塔什博物馆
Detail 细节

(Source: Fragments of Some Hermitage Paintings: 15th – 16th centuries, Aurora Art Publishers)
（来源：一些艾尔米塔什所藏绘画的碎片：15–16 世纪，极光艺术出版社）

目录

中文版序

20 世纪 50 年代末至 60 年代，我和赫尔辛基理工大学的传奇教授奥利斯·布隆姆斯达特（Aulis Blomstedt，1906—1979 年）有一段意外的友谊，唤醒了我对建筑和艺术在经验和精神领域的兴趣。他对建筑中比例与和谐的理念充满兴趣，尤其是贯穿历史的音乐与建筑共通的和谐原则。他也在文章和讲课中探寻建筑品质和体验的永恒文化与精神根基。在他的影响下，我通过在建筑和设计项目中采用和谐的尺度，成为毕达哥拉斯学说的信徒。我也开始找寻建造艺术的精神和哲学基础。另一位对我产生重要影响的人物是建筑史学家和芬兰建筑博物馆第一任馆长克约斯堤·阿兰德（Kyösti Ålander，1917—1975 年）。我于 1958 年开始在这所新成立博物馆的展览部门工作，并经常和他就建筑的问题进行日常对话。他对建造艺术事业的全情投入令我尤为感动。我提及这两位导师，是为了强调精神连续性之于思想和所有艺术创作的重要性。在艺术传统的进化中找到自己谦卑的位置是最令人精神振奋和舒适的。

20 世纪 60 年代末，我开始用芬兰语写作关于建筑和艺术的文章。我出版的第一本英文书籍名为《肌肤之目：建筑与感官》（*The Eyes of the Skin: architecture and the senses*，伦敦，1995 年），探讨建筑体验的本质。这本书的思想基础来自我早年撰写的论文——“一座七种感官的建筑”（An Architecture of the Seven Senses），发表在与史蒂文·霍尔

（Steven Holl）和阿尔伯托·佩雷斯·戈麦斯（Alberto Pérez-Gómez）合写的著作《感知的问题》（*Questions of Perception*，1994年）中。《肌肤之目：建筑与感官》在全球广受好评，并很快以多国语言出版。

2001年我写了《思考之手：建筑中的存在与具身智慧》（*The Thinking Hand: Existential and Embodied Wisdom in Architecture*，2001年），以此拓展和深化我对艺术技能和创意工作中具身基础的认识。最后，第三本书《具身的图像：建筑的想象和意象》（*The Embodied Image: imagination and imagery in architecture*，2011年）的写就，完成了我关于创意工作中感官、身体和精神意象的"三部曲"。第三本书的暂定名本来是《诗意的图像》（*The Poetic Image*），直到我意识到图像只有通过内在化和具身化——即它必须成为个人自我感知的一部分——它才能拥有诗意的力量。正如赖内·马利亚·里尔克（Rainer Maria Rilke）所言："因为诗并不如人们想象的一般，仅仅是情感……诗是诸多经验……一个人要能忘记他经验的很多事物，还要有巨大的耐心等待它们再次涌现。直到经验成为我们体内的血……至此，诗才会发生，在一个极特殊的时刻，一首诗的第一个字从这些经验中形成，并由它们之中展开成诗。"[1] 伟大诗人的这一建议同样适用于建筑。

现在问世的《思考之手》中文版，书名最初来自我早期一篇论文的副标题。对这本书来说，书名先存在，整本书的内容逐渐围绕书名完成。我提及这些细节是为了指出机缘和运气对一个人的作品的作用。这本书意在加入仍在探讨中的数字化和计算机化设计方法的影响。计算机的使用为设计工作展开了不可预料的可能性，但计算机通过分离我们与世界的感官的和具身的联系，实际上，也是剥夺我们的想象和共情能力，计算机化由此产生负面影响。我深感忧虑。我相信草图、绘画和身体层面的制作，一方面在我们的头脑和情感间创造深层的连接，另一方面，它也深深联系着空间、人类处境和我们生活世界的物质性。想象力是最人性的、最有价值的能力，丧失想象力甚至会让人无法进行道德选择。道德选择意味着有能力去想象不同选择的后果。

在出版了这三本有关艺术的感官、图像和具身的著作后，我继续将研究转向模糊的、弥散的、不聚焦的意象、氛围和存在的体验。经历了超过50年的设计工作、书写了六十余本著作，现在我敢说建筑体验中最重要的感官不是视觉，而是我们存在的感觉，是我们存在感的辩证法，同样也是自我与世界的交互。

在工业化的世界里，我们越来越以视觉为中心、焦点和概念导向。新出现的数码科技强烈支持这一导向。这种意识领域的片面化也在建筑教育中发生。身体中静默的智慧正日益被信息所取代，这一过程让我们远离我们直接且完整的存在体验。《思考之手》认为我们作为肉身完整的具身存在，投身于我们的体验、思考、梦想、想象和创意行为中。梅洛－庞蒂（Merleau-Ponty）说："画家始终带着身体（保罗·瓦莱利语）。的确，我们无法想象一个想法如何作画。"这一论述在建筑中也同样实在。[2]

尤哈尼·帕拉斯玛

芬兰建筑师协会建筑师、美国建筑师协会荣誉院士、英国皇家建筑师学会终身荣誉会员
赫尔辛基阿尔托大学荣誉教授
国际建筑学会院士
作家

2020年6月5日，赫尔辛基

注释

1 赖内·马利亚·里尔克，《马尔特·劳里茨·布里格笔记》（MD Herter Norter 翻译），WW Norton & Co（纽约和伦敦），1992，第26–27页。

2 莫里斯·梅洛－庞蒂，《知觉的首要地位》（伊利诺伊州，埃文斯顿：西北大学出版社，1964），第162页。

Foreword of Chinese Edition 2020

My interest in the experiential and mental ground of art and architecture was evoked during my studies in the late 1950s and 60s through my unexpected friendship with Aulis Blomstedt (1906–1979), the legendary professor at the Helsinki University of Technology. He was passionately interested in proportional and harmonic ideas in architecture, especially the shared principles of harmony in music and architecture through history. In his writings and lectures he also sought the timeless cultural and mental ground of architectural qualities and experiences. Through my professor's influence I turned into a Pythagorean through my use of harmonic measures in my architectural and design projects. I also began to seek the mental and philosophical grounding of the art of building. Another significant influence for me was Kyösti Ålander (1917–1975), architectural historian and the first director of the Museum of Finnish architecture; I began to work at the exhibition department of the newly established museum in 1958, and had daily conversations on issues of architecture with him; I was especially moved by his total dedication to the cause of the art of building. I am mentioning these two mentors of mine in order to emphasize the importance of a mental continuity in thinking, as well as in all artistic work. Finding one's own humble niche in the evolution of artistic traditions is most invigorating and comforting.

Towards the end of the 1960s I began to write essays on architecture and art in the Finnish language. I published my first book in English entitled The Eyes of the Skin: architecture and the senses (London 1995) on the essence of architectural experience. The ideas of this book were based on an earlier essay of mine entitled "An Architecture of the Seven Senses" in Questions of Perception (1994), a book written in collaboration with Steven Holl and Alberto Pérez-Gómez. The Eyes of the Skin was received very positively internationally and it was soon published in a number of other languages.

In 2001 I wrote The Thinking Hand: Existential and Embodied Wisdom in Architecture (2001) to widen and deepen my views on the embodied grounding of artistic skills and creative work. Finally, a third book, The Embodied Image: imagination and imagery in architecture (2011) completed my "trilogy" on the senses, body and mental imagery in creative work. The working title of this third book was "The Poetic Image" until I realized that an image must be internalized and embodied – it has to become part of one's sense of self – before it can obtain poetic power. As Rainer Maria Rilke maintains, "Verses are not, as people imagine, simply feelings... they are experiences [...] One has to forget all of this and have the patience to wait for the distilled return of these experiences. Only after all our life experiences have turned to our own blood within us, not till then can it happen that in the most rare hour the first word of a verse arises in their midst and goes forth from them" [1] This advice of a master poet also applies in architecture.

The Thinking Hand, which has now been published in a Chinese translation developed initially from a subtitle of one of my earlier essays; in the case of this book, the title existed first, and the entire book evolved around the title. I am mentioning this detail in order to point out the role chance and serendipity can play in one's work. This book intended to participate in the ungoing conversation on the impact of the digital and computerized design methods. It is my deep concern, that at the same time that computerization has opened up unforeseen possibilities also for design work, it can have a negative impact through detaching us from our sensual and embodied connection with the world, and indeed, from our own capacities of imagination and empathy. I believe that sketching, drawing and physical making create a deep connection between our mind and emotions, on the one hand, and space, human situations and the materiality of our life world, on the other. Imagination is the most human and valuable of our capabilities and without it even ethical choise would be impossible; ethical choise implies the capacity to imagine the consequences of the alternative choises.

After having published these three books on the senses, images and embodiment in art, I have continued my studies into vague, diffuse and unfocused imageries, atmospheres and existential experiences. After over fifty years of design work and having written over sixty books, I now venture to argue that the most essential sense in architectural experiences is not vision, but our existential sense, the dialectics of our sense of being, and the interaction between the self and the world.

In the industrial world we are becoming increasingly vision-centered, focused and ideationally oriented. This orientation is strongly supported by the new digital technologies. This narrowing of the scope of consciousness also applies to architectural education. The tacit wisdom of the body is increasingly replaced by information, and this process distances us from our direct and full existential experience. The Thinking Hand argues that we are engaged in our experiences, thoughts, dreams, imaginations and creative acts as full embodied beings in flesh. "The painter takes his body with him (says Paul Valéry). Indeed, we cannot imagine how a mind could paint", Merleau-Ponty argues, and this argument is equally true in architecture. [2]

Helsinki, 5 June 2020

Juhani Pallasmaa
Architect SAFA, HonFAIA, IntFRIBA
Professor emeritus, Aalto University Helsinki
Academician, International Academy of Architecture
Writer

Notes

1 Rainer Maria Rilke, The Notebook of Malte Laurids Brigge (London: W. W. Norton & Company, 1992), 26-27.

2 Maurice Merleau-Ponty, The Primacy of Perception (Evanston, Illinois: Northwestern University Press, 1964), 162.

导言

具身存在与感官思考

"简单地说，我认为一个成熟者的心理状态应当是一个自然展开的、浮现的、游移不定及不断螺旋上升的过程，当他/她的生存状况变化时，伴随着新旧行为体系的变更。"

——克莱尔·W·格雷夫斯（Clare W. Graves）[1]

西方消费文化对人类身体一直存在一种二元论。该观点认为：一方面，身体对人类具有令人着迷的美学与情欲吸引力，但另一方面，智力和创造力也受到了同等的赞美，人们将之视为与身体完全分离，甚至是独一无二的个人品质。无论哪种情况，人们都认为身体与意识是没有联系的，永远无法融合成一个整体。这样的分离观在人们对于体力工作和脑力工作的截然区分中便能体现。人们不仅将身体看作个性与自我表达的媒介，同时也认为它是社交吸引力与性吸引力的工具。然而，上述仅仅是在生理和心理层面理解身体的意义，而身体作为我们的具身存在、知识以及对人类生存状态充分认知的基本载体（the very background），却被低估和忽略了。[2]

当然，身体与意识的划分在西方哲学史上具有坚实的理论基础。很遗憾，现行的教学方法和教学实践仍然坚持将心理、智力、情感能力与生理感觉及身体本身的多种维度分隔开来。尽管教育实践也常常会为身体提供一定程度的体能训练，但是它们并不承认人体根本的具身与整体本质。例如，在体育与舞蹈中，人们会强调身体的重要性；在艺术与音乐教育中，生理感觉的重要性也被广泛认可；然而却鲜有人认可我们具身的存在是人类与世界或与其自我意识及自我认知渗透、融合的基础。基础的手工类课程会对双手进行训练，然而手在人类智力的进化与各种表现中不可或缺的作用却未得到认可。简单地说，如今，无论是思想上还是行动上，现行的教育理念都未能抓住人类存在的模糊、动态、官能协调的本质。

事实上可以想见，在当今工业化、机械化和物质化的消费文化到来之前，由于人类与自然世界的直接互动和对自然界各种复杂因果关系的直接认识，人类日常的生活状态和发展、教育的进程为人类成长与学习提供了更加全面的实践基础。在早期的生活模式中，与工作、生产、材料、气候和瞬息万变的自然现象之间的密切接触，为人类与物理因果世界之间提供了更加充分的感官交互。我同样认为，较之于当今个人主义化与分子化（molecular）的生活世界而言，过去社会更亲密的家庭关系与社会纽带以及驯养的家畜等，都为人类培养关爱、同情的美德提供了更多体验。

我的童年是在芬兰中部祖父家的小农场里度过的，随着年岁的增长，我越来越能够体会我是多么受惠于 20 世纪三四十年代末农民丰富多彩的生活氛围，那时的生活让我理解了自身的物质存在，明白了日常生活中身体和心灵互相依赖、不可分割的本质。我相信即使是现在，一个人对美的感觉和对道德的评判标准都根植于早期将自我与世界融合的体验之中。美不是一种超然孤立的美学特质，对美的感受来自人类对生活中毋庸置疑的因果及依赖关系的探寻。

在当今这个充斥着大量工业生产、超现实消费、寻欢作乐和虚幻电子环境的时代，我们一如既往地像住在房子里一样住在我们的身体里，因为我们可悲地忘记了我们并非住在我们的身体里，而是我们本身就是身体组织。具身的存在不是第二体验，人类从本质上讲就是身体的存在。如今，我们的身体与感觉就是商业操纵与榨取的无尽资源。身体的美、力量、青春与活力为社会价值观、广告业和娱乐业所大力推崇。如果没有一副符合社会标准的躯体，身体就成了我们的敌人，使我们陷入深深的沮丧与自责之中。商业运作者无休止地加快着开发我们感觉的步伐，但同时，正是这些被开发的感觉依然被轻视低估，人们仅仅认为这些感觉是我们存在状态的前提或教育目标而已。在理智上，我们或许已经从哲学角度否定了笛卡儿的身心二元论，然而事实上，这种对身与心的分割依然统治着我们的文化、教育与社会实践。

在当下，科技向我们展示了世界及我们自身的多重面貌，而我们却需要抛弃我们的意识和能力重返欧几里得世界，这确实十分遗憾。这并不是说我想生活在过去田园牧歌般的乡愁情调中，或者对文明的进步抱以守旧的观念。而是我确实想提醒自己以及各位读者，我们业已形成的对人类历史性及生物、文化本质的认知，的确存在明显的盲点。

人类的意识是具身的意识；世界是围绕着感觉和肉体而建立的。加布里埃尔·马塞尔（Gabriel Marcel）曾说：“*我就是我的身体*”[3]；华莱士·史蒂文斯（Wallace Stevens）认为：“*我就是环绕着我的一切*”[4]；阿诺（Noel Arnaud）表示：“*我就是我所存在的空间*”[5]；最后，路德维希·维特根斯坦（Ludwig Wittgenstein）总结道：“*我就是我的世界。*”[6]

我们通过自身的感觉与世界相连。这感觉不单纯是被动的刺激接收器，身体也不只是一个用于观察整个世界的透视中心。头部也不仅仅是认知思考发生的唯一场所，因为我们的感觉和整个身体存在才是直接建立、生产及存储缄默的存在知识（silent existential knowledge）的场所。我们在世界上的完整存在是感官上的、具身的存在，而且这种特别的存在感就是存在知识的基础。正如让-保罗·萨特（Jean-Paul Sartre）所言：“*理解力并不是人类现实从外界获得的一种能力；而是人类存在的一种独特方式。*”[7]

从根本上而言，存在的基本知识并不是一种由语言、概念或理论塑造的知识。仅从人类的交流而言，人类大约百分之八十的交流都是发生在言语与概念渠道之外的。交流甚至可以说是发生在化学层面上的。一直以来，人们都认为内分泌腺是一个封闭在体内的闭合系统，就算与外界有联系也只是间接的。然而，AS · 帕克（AS Parker）和 HM · 布鲁斯（HM Bruce）的实验表明：化学调解阀，比如一些散发气味的物质，可以直接作用于其他有机体体内的化学结构上，从而决定了后者的行为。[8]

传统社会的知识与技艺直接存在于人体的感觉与肌肉中，存在于聪明能干的双手中，直接嵌入并如密码般编译入生活的各种场景与状态中。正如萨特所言：正是在我们出生的这个世界之中，存在着我们最重要的知识来源。[9] 乔治 · 莱考夫（George Lakoff）与马克 · 约翰逊（Mark Johnson）在两人那本发人深省的著作《体验哲学》（*Philosophy in the Flesh*）中指出，即便是普通的日常行为与决策也需要一种哲学的理解，一生中我们永远会遇到各种数不清的境遇，我们必须能够在其中明白自身生命的意义。两位哲学家如是说：

> “人类的生活是一种哲学上的努力。我们的每一个念头、每一个决定、每一个动作都建立于不胜枚举的哲学设想之上……尽管我们只是偶然才意识到，但我们其实都是形而上学者——这里不是指象牙塔里的形而上学，而是指我们日常生活中理解自身经历的一种能力。我们正是通过自己的意识系统才得以理解每日的生活，我们每日的形而上学正是蕴含于这些意识系统之中。”[10]

对一门技艺的学习从根本上讲不是建立在言传之上，而是通过学徒的感官直觉和行为模仿，使技艺从师傅的机能系统传入到学徒的身体中。这种模仿学习的能力一般归功于人类的镜像神经元。[11] 同样，对于具身原理——或者引用心理分析理论中“内摄”（introjecting）的概念——知识和技艺依然是艺术学习的核心内容。同样地，建筑师最首要的技艺是将多维度的设计任务转换成具体的、生活的感知与图像，最终，设计者的全部个性与身体就成了设计任务的执行场所，此刻的设计任务也变鲜活了，而不仅仅是一个理解的对象。从生物学角度而言，建筑学思想起源于非概念化的、鲜活的存在知识，而非单纯的分析数据与大脑智力。的确，建筑学问题由于其复杂性及深奥的存在主义特征而很难只通过理性或概念的形式就得以解决。建筑学深奥的思想及其对问题的回应也不是由建筑师个人无中生有（ex nihilo）、凭空创造出来的；它们植根于设计任务活生生的现实以及工匠们古老的传统当中。在当今准理性文化及人类妄自尊大的意识中，这种对身体基本、无意识、情境和无声认知的作用在建筑生产中被严重低估了。

即使是建筑大师也并非建筑现实的创造者；他们只是展现已存在的事物，展现给定条件下的自然潜能，抑或是给定情境下所需要的事物。阿尔瓦罗·西扎（Alvaro Siza），当今时代最出色的一位建筑师，能将传统的感觉与独特的个人表达融会贯通，他犀利地指出："建筑师并没有发明什么，他们只是将现实进行了转化。"[12] 对于电影制作中艺术的谦恭，让·雷诺阿（Jean Renoir）也以稍稍不同的方式表达了相同的理解："导演并非一个创造者，而是一位助产士。他的任务就是帮助演员生出他们并未意识到却已孕育于他们体内的孩子，"他在自己满怀人情味的回忆录中如是说。[13] 建筑学也是聪明双手（the knowing hand）的产物。手能够捕捉思想的肉体性与物质性并将之转化为具体的图像。在艰巨的设计过程中，往往是由手来主导来探索某种图景，某种模糊的暗示，并最终将它们变成一幅草图、一个具体化的概念。

建筑师手中的铅笔连接着其富有想象力的思维与纸张上呈现的图像；在工作的心醉神迷中，绘图者忘记了双手和手中的铅笔，图像慢慢浮于纸上，仿佛那是绘图者想象思维的自动投射。或许，真正的想象者是手本身，它存在于世界的肉身里，空间、物质与时间的现实里，想象出的事物的物质状态里。

马丁·海德格尔（Martin Heidegger）在手与人类的思考能力之间建立了直接联系："我们永远不能仅仅通过将手看作一个可以抓取物体的器官就确定或解释出手的本质……在每一项工作中，手的每一个动作都要通过思维要素来支撑，而在那要素内部，每一次对手的支撑其实也是要素的自我支撑……。"[14] 加斯通·巴什拉（Gaston Bachelard）曾如此描述手的想象能力："即使是手也拥有自己的梦想与担当（assumption）。它帮助我们看清物质最深层次的本质。这就是它能够帮助我们想象出物质具体形式的原因。"[15] 想象的能力，从物质、空间与时间的限制中解放自己的能力，必定最能证明我们身为人的特质。创造能力以及伦理判断能力都离不开想象力。然而很显然，想象力并不只是潜藏在我们的大脑中，因为我们整个的身体构造都拥有其自己的幻想、欲望与梦想。

我们所有的感觉都会"思考"并构筑了我们与世界的联系，尽管这一永恒运动的行为并不经常为我们所察觉。通常认为知识应当存在于语言概念中，然而任何对生活情境的理解以及对生活情境做出的有意义的反应，都能够也应当被视为知识。在我看来，在所有的艺术现象和创造性工作中，思维的感觉与具身模式尤为重要。阿尔伯特·爱因斯坦（Albert Einstein）在给法国数学家雅克·哈达玛达（Jacques Hadamard）的信件中，有一段他在数学及物理领域的思维过程中对视觉与肌肉影像作用的著名陈述，这为具身思维提供了权威例证：

> "当我们写字或说话时，文字或语言似乎并未在我的思维机制中起到任何作用。那些看起来是思维要素的物理实体都是确定的符号（而非语言）以及一些清晰的图像，它们能够进行"自主的"复制与组合……就我而言，上述提到的要素是出于视觉的，有些更像是出于肌肉组织。只有到第二阶段，即在上文提到的组合过程（思维要素的自主复制与组合）得以有效建立并能进行随意复制之后，传统的文字或其他符号才能勉强参与到思考中来。"[16]

同样显而易见的是，情感与美学因素，以及具身的个人认知在科学创造中的地位与在艺术的创造与体验中的地位同等重要。亨利·摩尔（Henry Moore），最伟大的现代雕塑家之一，强调了身体认知以及在雕塑作品中同时捕捉不同视点的重要性：

> “（雕塑家）必须勤于想象并且利用形体在空间中的完整性。可以说，当他想象一个物体时，不管其大小如何，他脑子里得到的是一个立体的概念，就好像完全握在自己手心里一样。他的大脑能从物体周围的各个角度勾画出其复杂的形象，他看物体的一侧时，便知道另一侧是个什么样子。他把自身和物体重心、质量、重量融为一体。他能意识到物体的体积，那就是它的形状在空气中所占的空间。”[17]

所有的艺术形式——如雕塑、绘画、音乐、电影和建筑——都是特别的思维模式。它们代表着某一特殊艺术媒介独有的感觉与具身思维模式。这些思维模式就是手与身体的图像，体现了基本的存在知识。例如，建筑学不是单纯的视觉美学化（aestheticisation），而是一种通过空间、结构、物质、重力和光线等手段来塑造的一种存在哲学与形而上学的哲学思维模式。深刻的建筑不仅仅美化了人类居住的场所：伟大的建筑还清晰地表述了我们对于存在的体验。

萨尔曼·拉什迪（Salman Rushdie）指出，在艺术体验中正在发生着一种显著的、位于世界与自我之间的边界柔化现象：“文学创作于自我与世界的边界，同时这个边界在文学这个创造性的活动中被柔化，变得可以渗透，从而使世界流淌至艺术家的体内，而艺术家也得以流入世界的怀抱。”[18] 这种存在边界的柔化，这种世界与自我、客体与主体的融合，存在于每个充满意义的艺术作品和体验中。

创造性的工作离不开一种双重视角：即同时关注世界与自我，同时关注外部空间与人的内心精神世界。所有的艺术作品——无论从艺术家自身体验的角度还是观看者/聆听者/占有者的角度——都清晰地描述了世界与自我之间的界限。从这层意义而言，建筑学的艺术形式不仅为身体提供了一处避难所，也重新定义了我们意识的轮廓，它是我们思维真实的外在表达。建筑以及人类用城市、房子、工具和各种东西建造起来的整个世界，都有着它们的思想基础及对应物。当我们建造自身的世界时，我们建造的是我们自身精神世界（mindscape）的投射与隐喻。我们居住在风景里，风景也居住在我们身体里。一处被人为破坏的风景、城市景观的碎片，以及冰冷的楼群，都是人类内心世界被异化、破坏后的外在具体化表现。这一人类的内心世界，借用诗人里尔克（Rainer Maria Rilke）的一个优美概念被称为“世界内部空间”（Weltinnenraum）。[19]

即使在今天的科技文化里，我们日常生活中最重要的存在知识也并非高居于脱离现实的理论和解释之中，而是一种无声的知识，超越了意识阈值（the threshold of consciousness），与日常环境和行为处境相融合。正如加斯通·巴什拉所言[20]，诗人是在描述“生命阈值”之处的相遇。艺术将我们导向这些“阈值”，并审视着我们身体与心灵深处生物性且无意识的领域。如此一来，艺术便与我们的生命及文化过往、基因起源与神秘知识之间建立并保持着重要联系。因此，艺术最本质的时间维度指向过去而非未来；伟大的艺术与建筑一直留存着其根基与传统，而非是空中楼阁的虚构创作。然而，如今对独特和新潮的狂热追求已经误导了我们对艺术现象的评判。激进的艺术与建筑作品看似是传统的割裂与中断，但同时在更深的层次上，所有深刻的艺术作品都加强了人类对于生命文化历史与延续的理解及感知。每一次艺术革命都是与无形的人类思维宇宙的暗流的重逢。

教育的职责是培养与支持人类的想象与移情能力，然而当今大行其道的文化价值却试图扼杀奇思妙想、压制感官、僵化世界与自我的界限。如此一来，在我们这个时代，任何创造领域的教育都不得不重新启程，重新质疑这个生命世界的绝对性，对自我的界限重新变得敏感。艺术教育的主要目的或许并非直接存在于艺术创作的原则中，而是在于学生个性的解放与开放，在于他 / 她与极为丰富的艺术传统及日常生活世界普遍相关的自我意识和自我形象。

显然，一场强调感觉领域重要性的教育变革迫在眉睫，以使我们重新发现自我的完整的身心存在，充分利用我们的能力，使我们不再轻易地被掌控、利用。哲学家米歇尔 · 塞尔雷（Michel Serres）曾言："如果一场叛乱将至，它必是来自五感。"[21] 双手的智慧、思维及技艺也需要一场重新的探索。更重要的是，对人类具身存在的无偏见、完整的理解是拥有体面生活的前提。

我曾于 1995 年撰写了《肌肤之目：建筑与感官》（*The Eyes of the Skin: Architecture and the Senses*，Academy Editions，伦敦，1996 年），2005 年，该书以全新设计版式由英国奇切斯特的约翰 · 威利父子出版公司（John Wiley & Sons，Chichester）再版，并请斯蒂文 · 霍尔（Steven Holl）作序。该书批判了视觉感官在当今科技文化及建筑中的统治地位，呼吁在艺术与建筑领域建立一种重视多重感官的新方法。

一年前，约翰 · 威利父子出版公司执行总编海伦 · 卡斯特（Helen Castle）邀请我为他们的"AD Primers"系列新丛书写一本书，作为《肌肤之目》中人类具身体验思想的延续。我将我最近论文与演讲稿中的六篇交予她，出版商建议这本书可以以其中一篇论文的章节标题——"思考之手"为主题而展开。

本书对手的本质以及它在人类技能、智力以及观念生产的进化过程中的重要作用进行了分析。同我在书中论述的一样，双手并不仅仅是一个忠实的、被动的大脑命令执行者；它也拥有自己的目的、知识与技能，这一观点得到了其他很多作者的支持与认可。对手之重要性的研究也得到了进一步的扩展，成为对人类存在与创造性工作中具身化（embodiment）之重要性的研究。

这本书强调了在写作、手工艺和制作艺术或者说建筑学中，思考与工作是相对自主、无意识的过程。此书结果与我初衷其实相去甚远，这原因既来自写作过程本身，也来自我后来的文学研究，就在我将自己沉浸于这个工作之前，我对于此后将定下的章节、想法及理念其实毫无头绪。从某种程度上说，这本小册子的写作行为本身就直接印证了我在文章中所表达的中心思想。

本书中大部分案例与引述来自绘画、雕塑和文学领域，但由于我自身专业背景所限，我的关注点仍在于对建筑的研究。作为一位建筑学教师，我常常发现，通过其他艺术形式讲解建筑艺术的现象似乎更容易也更有效。正如 JH · 凡 · 登 · 伯格（JH van den Berg）所言："所有的画家和诗人都是天生的现象学者。"[22] 这个观点揭示了所有艺术家都会关注事物本质的事实。此外，所有的艺术来自共同的土壤，都是对人类存在状态的表达。

本书题目——"思考之手"，是对我们所有感官个性独立、积极主动作用的比喻，这些感官在我们的生活世界中无处不在。副标题——建筑中的存在与具身智慧，是指其他的知识，即暗藏于人类存在状态之中，以及暗藏于我们关于存在与体验的独特具身模式之中的无声认知。我们许多现存的重要技能已经被内化为无意识、无目的性的自动反应。例如，我们几乎意识不到自身奇妙复杂且自动进行的新陈代谢过程，但没有这些过程我们片刻也无法存活。哪怕是在学习技艺的过程中，一系列的复杂动作以及任务执行过程中的时空关系，都被无意识地内在化和具体化了，这绝非仅仅依靠大脑的理解与记忆。

很遗憾，主流的教育哲学依然在强调重视概念、智力及语言方面的知识，却低估了我们具身过程中缄默的、非概念化的智慧。他们通过哲学论证及近来神经学和认知学的发展与发现创造了当下这种灾难性的倾向，而正是这种倾向的压倒性证据优势，使得上述观点得以持续发展。本书的目的就是要动摇建筑领域中那些占支配地位却错误有害的范式的根基。

注释

1 引自里昂 · 凡 · 沙尔克（Leon van Schaik，或译为利昂 · 范 · 斯海克），《空间智能：建筑学的新未来》（*Spatial Intelligence: New Futures for Architecture*），约翰 · 威利父子出版公司（英国奇切斯特），第178页。克莱尔 · W · 格雷夫斯（Clare W Graves，1914—1986年），美国心理学家。

2 心理学家霍华德 · 加德纳（Howard Gardner）提出了多元智能的概念，并且指出人类智能存在7种不同类型：语言智能，逻辑—数理智能，音乐智能，身体—动觉智能，空间智能，人际智能以及自我认知智能。后来，他进而提出了三种智能类型——自然智能，精神智能以及存在智能——他甚至讨论了道德智能这一分类的可能性 [霍华德 · 加纳，《重构多元智能：21世纪的多元智力》（*Intelligence Reframed: Multiple intelligence for the 21st Century*），基础书籍（Basic Books）出版社（纽约），1999年，第41-43页，第47页和第66页]。其他很多写作者强烈支持有一种情感层面的智能。

3 引自"译者序" [休伯特 · L · 德雷福斯（Hubert L Dreyfus）和帕特丽夏 · 艾伦 · 德雷福斯（Patricia Allen Dreyfus）]，莫里斯 · 梅洛 – 庞蒂（Maurice Merleau–Ponty），《意识与无意识》（*Sense and Non–sense*），西北大学出版社（伊利诺伊州，埃文斯顿），1964年，第XII页。

4 华莱士 · 史蒂文斯（Wallace Stevens），《理论》（Theory），《诗选》（*The Collected Poems*），Vintage Books出版社（纽约），1990年，第86页。

5 引自加斯东 · 巴什拉（Gaston Bachelard），《空间诗学》（*The Poetics of Space*），灯塔出版社（Beacon Press），（马萨诸塞州，波士顿），1969年，第137页。

6 路德维希 · 维特根斯坦，《逻辑哲学论》（*Tractatus Logico Philosophicus eli Loogis–filosofinen tutkielma*），Werner Soderstrom（波尔沃和赫尔辛基），1972年，第68页（命题5.63）（尤哈尼 · 帕拉斯玛译）。

7 让 – 保罗 · 萨特，《情感：一种理论的轮廓》（*The Emotions: An Outline of a Theory*）（或译为《情感理论草图》），卡罗尔出版公司（纽约），1993年，第9页。

8 了解人群中的生物化学作用，见爱德华 · T · 霍尔（Edward T. Hall），《隐藏的维度》（*The Hidden Dimension*），安克尔丛书 / 双日出版社（Anchor Books/ Doubleday）（纽约，伦敦，多伦多，悉尼和奥克兰），1966年，第32-40页。

9 我们通常认为刚刚降临于世的婴儿对世界一无所知。但是当今的认知心理学表明，这是一个严重的误解。"如今，我们知道婴孩对于世界的理解比我们想象得多很多。从他们降生之日起，他们就拥有对他人、对物体以及对世界的观念。而且这些观念是相当复杂的，不仅仅是感官反射或反应……新生婴儿对于世界有一套原始的理论和推理学习的能力，根据他们生命最初的种种体验，婴儿能够修订、改变和重组那些原始的理论。"加州大学伯克利分校认知心理学教授艾利森 · 高普妮克（Alison Gopnic）如是说 [艾利森 · 高普妮克，"访谈摇篮里的科学家——婴儿都知道什么"（The Scientist in the crib interviewed——what every baby knows），《新科学人》（*New Scientist*），第178卷，第2395期，2003年5月17日，第42-45页，引自《空间智能》，参见上文所引该作者之著作，第31-32页]

10 乔治 · 莱考夫（George Lakoff）与马克 · 约翰逊（Mark Johnson），《体验哲学：具身意识及其对西方思维的挑战》（*Philosophy in the Flesh: The Embodied Mind and Its Challenge to Western Thought*）《肉身哲学：亲身心智及其向西方思想的挑战》《肉身中的哲学：具身心智及其对西方思想的挑战》《体验哲学：涉身认知及其对西方思想的挑战》，基础书籍（Basic Books）出版社（纽约），1999年，第9、10页（这本书有好几种译法，其中《肉身哲学：亲身心智及其向西方思想的挑战》是2018年世界图书出版公司出版时的译法。《肉身中的哲学：具身心智及其对西方思想的挑战》这个译法更接近我们这本书对"embodied"这个词的译法）。

11 哥帝 · 史雷克（Gordy Slack），《发现：人类移情的源泉》（*Found: the source of human empathy*），《新科学人》，第196卷，第2692期，2007年11月10日，第12页。

12 引自肯尼思·弗兰姆普敦（Kenneth Frampton），“引言”；肯尼思. 弗兰姆普敦，《劳动，工作和建筑：建筑与设计文萃》（*Labour, Work and Architecture: Collected Essays on Architecture and Design*），菲顿出版社（Phaldon Press，伦敦），2002年，第18页。

13 让·雷诺阿，《我的生活和我的电影》（*My Life and My Films*），Love-Kirjat出版社（赫尔辛基），1974年，第134页。

14 马丁·海德格尔，“什么召唤思”（What calls for thinking?），《基础写作》（*Basic Writings*），哈珀与罗出版公司（Harper & Row）（纽约），1977年，第357页。

15 加斯东·巴什拉（Gaston Bachelard），《水与梦——论物质的想象》（*Water and Dreams: An Essay on the Imagination of Matter*），Pegasus Foundation（得克萨斯州，达拉斯），1982年，第107页。

16 引自爱因斯坦的书信，公开发表于雅克·阿达马（Jaques Hadamard）《数学领域中的发明心理学》（*The Psychology of Invention in the Mathematical Field*）一书的附录Ⅱ，普林斯顿大学出版社（新泽西州，普林斯顿），1949年，第142-143页。

17 亨利·摩尔（Henry Moore），《雕刻家如是说》（*The sculptor speaks*）一文，出自菲利普·詹姆斯（Philip James）所编《亨利·摩尔论雕塑》（*Henry Moore On Sculpture*）一书（伦敦），1966年，第62-64页。

18 萨尔曼·拉什迪（Salman Rushdie），“不是所有的东西都神圣么?”（Isn't anything sacred?）一文，*Parnasso 1:1996*（赫尔辛基），1996年，第8页，尤哈尼·帕拉斯马译。*Parnasso*是一本芬兰语的文学杂志。

19 莉萨·恩华德（Liisa Enwald）（主编），“致读者”（To the reader），《莱纳·玛利亚·里尔克，艺术深处静默的核心；1900—1926年书信集》（*The silent innermost core of art; letters 1900—1926*），TAI-teos（赫尔辛基），1997年，第8页。

20 巴什拉，《空间诗学》，参见上文所引该作者之著作，第Ⅻ页。

21 米歇尔·塞尔（Michel Serres），《天使：一个现代神话》（*Angels: A Modern Myth*），弗拉马里翁出版社（Flammarion）（纽约），1995年，第71页。

22 引自巴什拉，《空间诗学》，参见上文所引该作者之著作，第XXIV页。

Rembrandt 伦勃朗，Juutalainen morsian
《犹太新娘》，1665 年
Rijksmuseum, Amsterdam 阿姆斯特丹国立博物馆
Detail 细节

(Source: Rembrandt, Ferndale Editions, London, 1980)
（来源：伦勃朗，芬代尔版，伦敦，1980 年）

第1章

神秘之手

“手不单是身体的一部分，而是对那些应被抓取并传达的思想的表达与延续……”

——巴尔扎克（Honoré de Balzac）[1]

“手是心灵的窗户。”

——康德（Immanuel Kant）[2]

“如果身体更容易被理解，那么就没有人会意识到我们还拥有心灵。”

——理查德·罗蒂（Richard Rorty）[3]

01

手的多重本质

人们将自己的双手看作身体上普通、不言自明的组成部分，但事实上，手是一种异常精密的仪器，它仿佛拥有自己的认知、意志与欲望。甚至好像常常成为愉悦与情感的来源及表达方式。手，它的运动和姿态，能够表现个人性格的程度，与面庞和形体不相上下。手也具有独特的外观和特点；它们有着它们独特的个性。通过手甚至可以看出一个人的职业和技艺，试想钢铁工人或铁匠强健有力的手，做家具的细木工常有残缺的手，在处理鞋料的过程中鞋匠磨练得结实而布满裂痕的手，哑剧演员雄辩而富有表达力的手，外科医生、钢琴师或魔术师细致、精准而灵巧的手。双手是智人（Homo sapiens）特有的一类器官，但它们同时也是独特的个体。想象一个孩子那充满好奇、兴奋却笨拙天真的小手，和一位年迈老者因劳苦工作和关节风湿而近乎无用的双手。看过年老的亨利·马蒂斯（Henri Matisse）在家鸽羽毛中温暖疼痛的手指关节的照片，或是老人躺在病床上用接在长竹竿末端的炭笔在贴在墙面的画纸上绘画的照片后，马蒂斯彩色剪纸的轮廓所表达的生动动作，仿佛获得了新的意义。柯布西耶（Le Corbusier）20 年的贴身助理安德烈·沃根斯基（André Wogenscky）诗意而生动地描述了他的老师的双手：

“然后我将目光从他的面庞转向他的双手。此刻，我才真正寻到了柯布西耶。是他的双手揭示了他的所思。就像是他的手背叛了他一样。这双手表达了他所有的感情，以及他的脸庞试图隐匿的内心震颤……可能有人会这么想，勒·柯布西耶用这双手画出了他自己*，这双手，承载了无数细小连续的纹路，它们好似相互找寻着，却最终汇聚成了一条精确的线条，那独一无二的轮廓绘制出了手的形状并在空间层次上定义了它的存在。这双手看似在犹豫，但精准的作品却由之而生。手是会思考的，就像柯布西耶用大脑思考一样，在他的手上人们可以读出他的焦虑、他的沮丧、他的情感与他的希望。

已然并且将要绘制出，他所有作品的双手。"[4]

柯布西耶在有关他自身、生活及工作的文字中看似神秘而冷漠，但在他助手观察下的双手似乎又揭示了他内心的性格与追求。

手能够讲述史诗般的一生故事，事实上，每个时代和文化都有其典型之手，只要看看绘画史中无数肖像画里千姿百态的双手便知。另外，每一双手都有其独一无二的指纹，它在人出生的 5 个月前就已确定，永远不会再改变，这些人类皮肤上的印记是一个人出生之前就拥有的蕴藏其个性的秘密文字。

我们的双手是我们可靠而勤劳的仆人，但它们有时也会自己做主，产生其独立的生命，掌控着自己的自由。但另一方面，人形象的整体性也十分强大，可以使我们认为一个无臂雕像也是对人体构成的一种合理且颇具美感的表现，而不会认为那是在故意地表现残缺之态。诗人莱纳·玛利亚·里尔克（Rainer Maria Rilke）在评价奥古斯特·罗丹（Auguste Rodin）的人体躯干雕塑时写道："没有遗漏任何关键的东西。站在它们面前，一个人可以感受到深厚的整体感，它如此的完整，无须任何补充。"[5] 也许是我们被一个艺术杰作神奇的完整性所诱惑了？

诗人里尔克还描写了人类双手的多重角色及其独立的生命：

* 柯布西耶不是建筑师本名，他的建筑构想与实践造就了为人所知的建筑师"勒·柯布西耶"。——译者注

“有行走的双手，睡眠的双手，也有醒着的双手；有罪恶的手背负着沉重的过去，也有疲惫的手再无所求；有蜷缩在角落的手，像生病的动物一样绝望无助。不过，手是一个复杂的有机体，是一座三角洲：生命从最远的源头汇聚到这里，波涛汹涌地融入‘行动’的激流。手也拥有自己的故事；它们甚至有自己的文化和独特的美。我们准予它拥有自己的前途、自己的愿望、情感、心情和事业……”[6]

手拥有自己的社会角色和行为，拥有自己热情的、敌意的或侵略性的动作，拥有自己欢迎或拒绝、友好或憎恶的姿态。上帝、基督和教皇的手是仁慈与赐福的手。穆基乌斯·斯凯沃拉（Mucius Scaevola）的手是勇敢的、有着英雄般自控力的手，而该隐（Cain）和庞提乌斯·彼拉多（Pontius Pilate）的手是罪恶与内疚的手。尽管能自给自足，但手有时也会暂时地失去自身的独立性和身份特性，与身体的其他部分融为一体。正如里尔克所言：“一只手放在另一个身体的肩膀或腿上，那么这只手就已经不完全属于它曾经的主人了：新的事物从它及它接触或紧握的物体中孕育而生，它没有名字也不属于任何人，而正是这个新的事物，这个有其自身确定界限的事物，从那一刻起变得无比重要。”[7]母亲与孩子的手或一对恋人的手会像脐带一样，将两个个体紧紧联系在一起。

艺术与建筑作品在空间与时间中延伸了人类的双手。当在米兰斯福尔扎古堡（Castello Sforzesco）看到《隆达尼尼圣殇像》（Rondanini Pieta，1555—1564年）时，我能够感受到米开朗琪罗在生命尽头仍充满激情却已衰弱的双手。一位伟大建筑师的作品也同样会再现建筑师的身体与双手，因为建筑空间、规模和细节都不可避免地成为创造者身体与双手的成果与投射。越是伟大的作品，越能呈现创造者的双手。当我近距离欣赏维米尔（Vermeer）的作品时，脑海中便会呈现出画家拿着一只棱角分明的纤细笔刷伏于画上的场景。不，并不是我在想象这个画家，而是我成了他。马塞尔·普鲁斯特（Marcel Proust）曾称赞维米尔的画作《代尔夫特风景》（*View of Delft*，1660—1661年）并为之撰文[8]，看到这幅画时，我的整个身体都产生了变化，仿佛我成了作者，用手拿着笔刷，指向那安静而湿润的“小块黄色墙面”。

当我凝视着卡西米尔·马列维奇（Kasimir Malevich）的一幅至上主义作品时，我不会将其看作几何的格式塔，而是看作一种由画家的双手一丝不苟绘制出的符号。龟裂的颜料表面传达出作品的物质性、作品创作的过程与时间，而我则发现自己正思考着画家那双握着画笔的充满了灵感的手。

> “一只手放在另一个身体的肩膀或腿上，那么这只手就已经不完全属于它的主人了。”
>
> ——莱纳·玛利亚·里尔克

02

手为何物?

我们随意、不多加考虑地使用“手”这个概念，仿佛手的本质是不言自明的。1833 年，贝尔爵士（Sir Charles Bell）曾如此写道：“人的手构造优美，手的动作强大有力、自由自在而纤细精巧，以至于让人忘记了它其实是个复杂的仪器；我们使用双手就像呼吸一般自然，完全是无意识的行为。”[9] 但是我们到底应该如何定义“手”的概念呢？当我们说“把手给我”，或者“我把这个难题交到他手里”，或者说到“手工艺”或“握手”时，我们究竟是什么意思呢？

通过对这个名词的每日应用以及经典体表解剖学，手或许会被定义为从手腕延伸到指尖的人体器官。[10] 生物力学的解剖学认为，手是胳膊不可分割的一部分。但是，胳膊与颈部、背部甚至腿部的肌肉都有一种动态上的协调，事实上，胳膊与身体其他所有部分都存在着协调关系。大多数体育训练的目的也正是为了使手部的运动与全身协调。当我举起手宣誓或打招呼时，当我按指纹以证明身份时，手就代表了我整个人的形象。生理与功能解剖学甚至将大脑中控制手的机能的部分也视为手的一部分。总而言之，我们必须承认，手在我们的身体中、在我们所有的动作与思考中都无处不在，这样一来，手就从根本上超出了可定义的范围。正如神经病学家、作家弗兰克·R·威尔逊（Frank R. Wilson）在其研究人类手的进化与意义的开创性著作《手的奥秘：论手的使用对人类大脑、语言及文化的塑造》(*The Hand: How Its Use Shapes the Brain, Language, and Human Culture*)一书中所言：

"身体运动与大脑活动在功能上是相互依赖的，两者之间形成了十分强大的协同作用，以至于没有哪门科学或学科可以独立地对人类的技能或行为进行解释……，手在大脑体觉映射中的比重很大，手的神经学与生物力学要素都倾向于自发的互动与重组，个体使用双手的动机与企图如此深刻，广泛地根植于大脑之中，我们不得不承认，我们正在试图解释的是人类生活的一项基本规则。"[11]

近来，人类学及医学研究和理论还认为手对人类智力、语言及象征性思维的进化过程具有重大作用。手部运动不可思议的功能多样性、手的学习能力，以及明显的独立功能或许并非像我们所想的那样是人类脑力进化的结果，而人类大脑非凡卓越的进化却恰恰归功于手的进化。马乔里·奥罗克·波义耳(Marjorie O'Rourke Boyle)如是写道："亚里士多德(Aristotle)曾错误断言，人类因其智慧而拥有双手；对此，阿那克萨哥拉(Anaxagoras)的理解或许更加正确，他认为，人类因有双手而拥有智慧。"[12]

威尔逊认为大脑以及手脑的相互依赖关系在身体中无所不在：

"大脑不只在头部，尽管头部的确是大脑形式上的栖居处。大脑可以延伸至全身的每一个角落，继而通过身体延伸到外面的世界。我们可以说大脑'止'于脊髓，脊髓'止'于末梢神经，末梢神经'止'于肌肉神经接点，如此一直推演直到夸克(quarks)量级，但是脑就是手、手就是脑，两者的一切都相互依赖，直至夸克量级。"[13]

由此我们可以推断，"手对脑说话，就像脑对手说话一样确定。"[14] 除了手在身体与神经方面的重要性，威尔逊还认为，手是人类智力来源及智力演化过程中的必要组成部分，他认为："任何有关人类智力的理论，如果忽略了手、脑功能的相互依赖关系、这种依赖关系的历史起源以及这段历史对现代人类发展的动态影响，都将是极具误导性且毫无意义的。"[15] 我们通常认为我们的双手仅与具体的物质世界相关，然而一些理论学家仍会认为手对象征性思维的出现起到了重要作用。[16]

03

手、眼、脑与语言

人类的双手是进化的产物。当原始人类的祖先还攀居于树上之时，人类臂与手非凡的灵活性、手眼的协调性，以及人对空间位置与关系的精确判断力就已经形成。人类最早的直系先祖是能够直立行走的更新纪灵长动物（australopithecines）——被误称为“南方古猿”（southern apes）。自丛林中的穿梭到大草原平地上的直立行走，人类祖先的这个转变改变了手的角色，直立行走解放了双手，使手得以应用于新的目的与进化发展。20 世纪 60 年代的大发现——古人类“露西”（Lucy）的化石遗迹轰动了人类学界，露西曾生活于 320 万年前非洲东部的哈达尔，这位人类著名女性先祖的名字来源于披头士的单曲《缀满钻石的天空下的露西》（*Lucy in the sky with diamonds*），当时在人类学考古小组的营地曾用磁带录音机播放了这首歌曲。[17] 主流理论已经假设，人类大脑的进化是频繁使用工具的结果。人类学家舍伍德·沃什伯恩（Sherwood Washburn）认为：“现代人类的构造来自自然选择所产生的种种变化，这种自然选择正是伴随着生活中对工具的使用而形成的……从进化论的观点来看，人类的行为和结构形成了一个相互作用的复合体，其中任何一方的变化都会导致另一方的改变。大约 100 万年前，大量猿类开始两足行走并使用工具，人的历史也就从此开始。”[18]

在手的进化过程中，最重大的一个方面就是大拇指在身体中较另外四指越来越突出。同时，这种对立也伴随着一些对食指起支撑强化作用的骨骼的微妙变化。[19] 这种身体结构上的改变增强了手部力量，同时提高了抓取工具的准确性。[20]

当前的理论认为，语言起源于早期集体制造与使用工具，这暗示了甚至语言的发展也与手脑的共同进化相关。威尔逊自信地论述道："毋庸置疑，复杂的社会结构——以及语言——是随着更加精细的工具的设计、加工与使用的传播而逐渐发展的。"[21] 手的进一步精巧演化带来了脑部神经回路的进一步发育：

> "越来越多的证据表明，随着时间的推移与社会的变迁，对于最新进化而来的手，智人（Homo sapiens）的要求已不单单是拥有精确的操控手与使用工具的技巧等力学方面能力，而是拥有一种对脑部神经回路进行再设计或再配置的原动力。这种映射世界的新方式是远古时期神经表征的延伸，这种神经表征满足了大脑对运动的重力及惯性控制的需要。"[22]

有假设认为，工具使用的发展与精细化与人类产生主观的概念和目的性的思考有关："有人说，语言是人类出现的序章。或许如此，但是在语言产生之前，人们已经通过工具来思考，即实现机械间的连接，以及发明达成某种机械结果的机械设备。简言之，在言语产生之前，行为便已具有主观意义，也就是说，行为已经有意识地具备了目的性。"[23] 心理学家利维·维谷斯基（Lev Vygotsky）曾提出一个深刻的观点：一边是言语和语言，另一边是思维，两者具有不同的生物起源。他认为："最初的思维是非语言的，言语也是非智力的……但人类思维的发展取决于语言——即思维的语言工具，也取决于孩童的社会文化经验。"[24]

事实上，艺术和建筑引领着我们去追溯语言的起源，追溯遇见未知时那最初的惊奇与诧异。艺术图像向我们揭示了事物被语言围困之前的图像和我们在其中的遭遇。在我们能够通过语言来描述事物之前，我们触摸它们来领会它们的本质。深奥的建筑将我们置于身处的世界中央，就连阿道夫 · 路斯（Adolf Loos）于维也纳设计的卡特纳酒吧（Kärtner Bar，1907年）微小的建筑空间，也成为世界的核心，仿佛将重力与空间，以及我们所有关于存在的知识都聚结于它那先于语言的、压缩的空间与物质结构中。

戴维 · 路易斯 · 威廉姆斯（David Lewis Williams）在著作《洞穴中的心智：意识与艺术起源》（*The Mind in the Cave: Consciousness and the Origins of Art*）中，为新石器时代洞穴中描绘的动物及符号图案的起源提出了一套颇具信服力的理论。他还解释了尼安德特人（Neanderthal）的神秘案例，尼安德特人是现代欧洲人祖先的近亲，一万多年前，他们的居住地与克罗马农人（Cro-Magnon）相邻，他们向克罗马农人学习石器技术，却从未创造出像克罗马农人洞穴壁画这样的艺术表现形式。在威廉姆斯看来，这种奇怪的现象应归因于人类心智的进化。不像尼安德特人，克罗马农人拥有更高阶的意识和更高级的神经结构，这使他们能够体验萨满式的幻境和生动的心理意象。那时，他们将这些心理图像——这些最早记录下来的人类想象力和艺术之手的表达——绘在洞穴壁上，而我们将之视为前人类居住者的世界与他们想象的精神世界之间的一层薄膜，图像即起源于这个想象的精神世界。[25]

美国心理学家朱利安 · 杰恩斯（Julian Jaynes）认为，人类意识并不是在动物的进化中逐渐产生的，而是在早期幻觉心理（hallucinatory mentality）在经历了巨变或灾难性事件后，发展出的一个学习过程中产生。他将人类意识的出现归结于“二室心智的崩塌”（the breakdown of the bicameral mind）*，这一崩塌大约出现于美索不达米亚人最早的书面记载中——即大约3000年前，其时间之晚出乎意料。[26]

《手势与语言的本质》（*Gesture and the Nature of Language*）一书的作者兼研究者们提出，手的动作直接塑形了语言的发育：

* 朱利安 · 杰恩斯是一位美国心理学研究者，在耶鲁大学和普林斯顿大学工作近25年，他得名于1976年出版的著作《在二分心智的崩塌：人类意识的起源》。杰恩斯毕生都在探究人类意识的起源问题，他认为人类的意识是一种习得的观念技巧，而非人类先天具有的能力，人类花了几个世纪的时间才“发明”出客观的意识，从而摆脱了此前的思想方法。此前的思想方法朱利安以“二分心智理论”来描述——人类的心智由所谓的神所占据，由神来向人传达信息，每当遭遇到困境，一半大脑会听见另一半大脑的指引，随着人类社会日趋复杂，这种二分心智最终坍塌，人类现代自我意识被唤醒，最终具有了内在叙事的能力。——译者注

“语言的内部分类正是由手的目的性行为创造的，因此动词来自手的动作，名词来自手中的物体，而副词和形容词就像手中的工具，修饰动作与物体。其中的关键尤其在于手触摸和抓取物体的体验……如何赋予语言以指导的力量。”[27]

乔治·莱考夫与马克·约翰逊提出了语言和身体的另一种联系。在《我们赖以生存的隐喻》(*Metaphors We Live By*)一书中，两人发展出这一观点：语言的根基在于由人类的身体产生的隐喻，以及空间中的身体与空间的关系为何、是何种姿势。两位哲学家认为：“在日常生活中隐喻无处不在，我们的语言、思维和行为中都包含了隐喻。从思维与行为方面来说，我们正常的概念系统的本质，从根本上而言是隐喻性的。”[28] 这种语言、思维与行为的隐喻来源于身体的若干自然结构和样貌，以及身体与空间的联系。

人类大脑决定性的发展始于约 300 万年前人类对工具的使用，而最近的理论观点认为，现代人类的大脑形成于 10 万年前，或许更早。[29]

04

作为象征的手

手是象征符号中出现频率最高的身体部位，这反映了人类双手的重要性、微妙性，其表现力及多重意义。[30] 手的印迹与轮廓在旧石器时代的洞穴壁画中就已出现。这些早期的手印可能是用于表明印手掌之人的身份，就像小孩子喜欢印自己的手掌来表达自己一样。法国加尔加斯（Gargas）洞穴壁画中描绘的那些缠绕的手指关节和残缺的手掌可能是祭祀中的纪念行为。

在社交场合与艺术表达中，手常常具有多重的甚至相反的含义，例如握手或将人推开的手势既可表示积极也可表示消极的含义。护身符上也常常出现手的形象，如伊斯兰教的法蒂玛之手。在闪米特族文化中，“手”和“力量”（might）是同一个概念，都指代统治者的权力。手的接触受到文化与行业规则的约束，如医学触诊或寒暄时的社交礼仪，但总的来说，手的接触象征着魔力。将手放到对方身体上（Laying on of hands）代表祝福的含义，这种手势会将能量从接触者或某个更高存在（神）的体内传向被接触者。举起或合拢双手表示祈祷，手指的某些独特姿势代表诅咒或祝福，另外，握手通常象征着友好与接受的态度。

在基督教圣像画中，耶稣被视为上帝的右手；右手总是具有积极含义，而左手则恰恰相反。在很多文化中，右手被视为“洁净”的，而左手是“肮脏”的。将双手掩于或藏于袖中是一种在统治者面前遮住手以示尊敬的古老习俗。拜占庭统治者举起张开的双手，后来成为了基督教中祝福手势的来源。双手同时举起象征朝向天堂的方向，或是祈祷者感受意愿的表达，或是一种崇拜的姿态。文艺复兴时期纹章中的手（heraldry hands）象征着力量、忠诚、勤勉、纯真与统一。十指张开伸展的手象征分裂，而紧握的手或拳头象征力量与统一，合拢的手象征忠诚与团结。

艺术表现中，一只手浮现在云端是早期一种表现三位一体第一人——圣父的形式。攻击耶稣的手是耶稣受难时的器械之一，而一只正在交钱的手则象征犹大接受的贿赂，清洗双手象征审判耶稣后的彼拉多之手，表示无辜。[31]

不同文化中的手和手指具有不同的含义：伊斯兰教信仰中，五根手指分别象征着一个人的信念、祈祷、朝拜、斋戒与慷慨。印度佛教与湿婆教的仪式性手势 [又称马德拉（mudra），即印度宗教舞蹈中的手上动作] 的传统体系表现了一系列手势的象征意义，这些手势是宗教和非宗教礼仪表演中不可分割的一部分。每根手指有其对应的色彩、声音、元素、甚至自己的天国守护神。鉴于印度文化对极致分类系统的特殊兴趣，每一种马德拉手势都拥有一种嵌于另一种手势中的象征意义。

错综复杂又各具特性的掌纹一直是手相术诠释的对象。这种手相术的基本前提就是在手与掌纹（手的“象形文字”）、行星的力量以及个人可能的人生之间建立象征性的类比。

手是一个人性格的展示板；能够体现一个人的社会阶层、财富、信仰、职业和社会关系。在很多文化里，人们常常用文身或半永久染色和图像来装饰手。同样，人们会给手戴上戒指、手镯，以表达很多约定俗成的含义，如婚姻、职业或社会身份等。手的手势、意义和携带的信息同样也是艺术乐于表现的主题。

05

手势

有些理论将手势看作人类向口头与书面语言进化过程中的第一阶段。手势表达的情感力量、及时性、普遍性以及清晰的特征，无疑反映了人类构造的完整性以及脑、手之间的紧密联系。手脑统一体的缺陷也极其明显："手是大脑唯一完美的附庸；但当两者的这种关系因年老或疾病被打断时，人体机能衰退影响之下的明证就很少了。"[32]

下面的发现值得注意，理解很多面部表情与手势的意义，可以完全独立于文化背景。约翰·布尔沃（John Bulwer）1644年在《手姿艺术》（*Chironomia*）一书中写道："手是人类唯一本能的话语……颇可以称它为人类本能的的语言与通用语，无需教授，居住在任何区域的人们一看见便可以理解。"[33] 一位更晚近时代的学者、人类学家及语言学家爱德华·萨丕尔（Edward Sapir）有相似的看法："我们对手势的回应特别灵敏，甚至可以说，这种灵敏性与一种精细神秘代码相一致，这种代码无迹可寻、无人知晓，却无人不懂。"[34]

在人们连语言交流基础都未学会之前，比如婴儿，就可以对最基本的恐吓或友善手势做出正确回应，而先天失明者似乎也可以本能地使用面部表情和手势。[35] 各种北美土著人尽管语言不通，但他们能够通过手语进行交流。[36] 生活在17世纪的牧师乔纳斯·米迦勒亚斯（Jonas Michaelius）如此写道："为了交易，哈得孙河的阿耳冈昆人（Hudson River Algonquins）通过手指比划进行的交流与说的话一样多。"[37]

06

手的语言

除了北美土著人，手语在澳大利亚土著人与新西兰毛利人当中也得到了高度发展。除了土著文化的手语，在一些秘密团体与宗教组织中也存在着神秘的手语。至今，一些仍在使用的手语早在古埃及和古巴比伦时代就已存在。另外一些手势象征符号也在艺术、戏剧、纹章和宗教中得到应用。[38] 即便到了今天，许多行业和专业领域仍在使用各自的私密手语。一个独特的不为人所见的手部交流的例子，就是在日本贩卖美味却有剧毒的河豚的市场上，卖方和出价者会将手藏在一只特殊的袖子中，暗中出价。

理查德·帕盖特爵士（Sir Richard Paget）在1939年开发了一种世界通用手语，据其估算，通过对上臂、前臂、手腕和手指运动的组合，可以获得70万种不同的基本手势，这个数字着实惊人；经过估算，他表示500到600种手势就足以组成他这套新编手语的词汇库。这一估算意味着人类的手远比口更全能。而这一惊人发现似乎为手势交流开拓了巨大的可能性。[39]

然而手势的另外一个应用最广的领域，是对话与公众场合中通常无意识的手势的应用。手势很自然地成为修辞与表演艺术中的重要组成部分。尽管如此，工作中的手体现出其动作真正的全能，它与意图明确的心智天衣无缝的配合，以及它的灵活性、独立性和自主思考的能力。

注释

1 巴尔扎克,《无名的杰作》(*Le Chef d'oeuvre inconnu*),引自:莫里斯·梅洛－庞蒂《意义与无意义》一书中"塞尚的困惑"一节,西北大学出版社(伊利诺伊州,埃文斯顿),1964年,第18页。
2 康德,引自:理查德·桑内特(Richard Sennett),《手工艺人》(*The Craftsman*),耶鲁大学出版社(康涅狄格州纽黑文和伦敦),2008年,第49页。
3 理查德·罗蒂(Richard Rorty),《哲学与自然之镜》(*Philosophy and the Mirror of Nature*),普林斯顿大学出版(伊利诺伊州,埃文斯顿),1979年,第239页。
4 安德烈·沃根斯基(Andre Wogenscky),《勒·柯布西耶之手》(*Le Corbusier's Hands*),麻省理工学院出版社(马萨诸塞州剑桥和伦敦),2006年,第6页。
5 莱纳·玛利亚·里尔克,《奥古斯特·罗丹》,群岛图书出版社(Archipelago Books,纽约),2004年,第44页。
里尔克曾于1902—1906年在巴黎担任雕塑家罗丹的秘书。后来,由于诗人里尔克独立地处理罗丹的信件,被罗丹解雇。
6 同上,第45页。
7 同上。
8 马塞尔·普鲁斯特,《追忆似水年华:女囚》(*In Search of Lost Time: The Captive*)[CK·斯科特·蒙克里夫(CK Scott Moncrieff)与特伦斯·基尔马丁(Terence Kilmartin)译],Vintage兰登书屋(伦敦),1996年,第207-228页。
9 引自弗兰克·R·威尔逊(Frank R Wilson),《手的奥秘:论手的使用对人类大脑、语言及文化的塑造》(*The Hand: How Its Use Shapes the Brain, Language, and Human Culture*),众神殿图书(Pantheon Books,纽约),1998年,前勒口。
10 本章解剖学相关解释主要来源同上,第8-9页。
11 同上,第10页。
12 玛乔丽·欧鲁克·博伊尔,《触觉:人类的尊贵与残缺,从米开朗琪罗到加尔文》(*Senses of Touch: Human Dignity and Deformity from Michelangelo to Calvin*),Brill(莱顿,波士顿和科隆),1998年,第XIII页。
13 威尔逊,《手的奥秘》,参见上文所引该作者之著作,第307页。
14 同上,第276页。
15 同上,第7页。
16 同上,第8页。
17 理查德·E·利基(Richard E Leakey)和罗杰·卢因(Roger Lewin),《起源》(*Origins*),麦克唐纳与简氏出版社(Macdonald and Jane's)(伦敦),1979年,第91页。
18 引自威尔逊,《手的奥秘》,参见上文所引该作者之著作,第16页。
19 理查德·桑内特,《手工艺人》,耶鲁大学出版社(康涅狄格州纽黑文和伦敦),2008年,第150页。
20 "人类是唯一会使用工具的动物"这种普遍的观点是一种错误的。很多动物物种也会使用各种各样的工具,最近一项研究列举了动物们使用的28种不同的工具。参见本雅明·B·贝克(Benjamin B Beck),《动物的工具行为:动物对工具的使用和制造》(*Animal Tool Behaviour: The Use and Manufacture of Tools by Animals*),Garland STPM出版社(纽约),1980年。理查德·道金斯(Richard Dawkins)所提的争议性概念"延伸的表现型"(extended phenotype)实际上将一个物种的概念扩充为包括洞穴、巢窝,抓取工具及动物制作的其他手工制品。同样,无数的人类构造,无论是物质的还是文化的,都应该被视为智人(Homo sapiens)表现型(phenotype)的一部分。
21 威尔逊,《手的奥秘》,参见上文所引该作者之著作,第30页。
22 同上,第59页。

23 同上，第 194 页。
24 引自：同上，第 194 页。
25 大卫 · 路易斯 – 威廉姆斯（David Lewis-Williams），《洞穴中的思维》（*The Mind in the Cave*），泰晤士 & 赫德逊出版社（Thames & Hudson）（伦敦），2002 年，前勒口。
26 关于意识的起源参见：朱利安 · 杰恩斯（Julian Jaynes），《二分心智的崩塌：人类意识的起源》（*The Origin of Consciousness in the Breakdown of the Bicameral Mind*），霍顿 · 米夫林出版公司（Houghton Mifflin）（马萨诸塞州，波士顿），1976 年。
27 戴维 · F · 阿姆斯特朗（David F Armstrong），威廉 · C · 斯托科（William C Stokoe）和谢尔曼 · E · 威尔科克斯（Sherman E Wilcox），《手势和语言的本质》（*Gesture and the Nature of Language*），剑桥大学出版社（剑桥、纽约和墨尔本），1995 年。引自：桑内特，《手工艺人》，参见上文所引该作者之著作，第 180 页。
28 乔治 · 莱考夫（George Lakoff）与马克 · 约翰逊（Mark Johnson），《我们赖以生存的隐喻》（*Metaphors We Live By*），芝加哥大学出版（伊利诺伊州芝加哥和伦敦），1980 年，第 3 页。
29 威尔逊，《手的奥秘》，参见上文所引该作者之著作，第 12 页。
30 汉斯 · 比德曼（Hans Biedermann），《世界文化象征辞典：文化符号及其背后的意义》（*Dictionary of Symbolism: Culture Icons and the Meanings Behind Them*），子午线出版社（Meridian）（纽约），1994 年，第 23 页。在“象征之手”小节中关于手象征意义的描述，基本取例于本书，第 163–164 页。
31 詹姆斯 · 霍尔（James Hall）《西方艺术事典》（*Dictionary of Subjects and Symbols in Art*），Icon Editions（纽约，马里兰州黑格斯敦，加利福尼亚州旧金山和伦敦），1974 年，第 144 页。
32 麦克唐纳 · 克里奇利（MacDonald Critchley），《无声的语言》（*Silent Language*），巴特沃斯出版公司（Butterworths），伦敦，1975 年，第 22 页。
33 引自：同上，第 14 页。
34 同上。
35 同上，第 5 页。
36 同上，第 163 页。
37 乔纳斯 · 米迦勒亚斯（Jonas Michaelius），1628 年，引自：克里奇利，《无声的语言》，参见上文所引该作者之著作，第 69 页。
38 在《无声的语言》一书中，克里奇利详细探讨了许多手语，例如：朝圣者的象征、Mano Pantea（“Mano Pantea”在拉丁语中是“Hand-of-the-All-Goddess”的意思，是一种祈福手势，拇指、食指与中指伸出，无名指和小指内扣）、许愿之手、伸出食指、交叉食指与中指、伸出小指、内收中指与无名指、Mono Cornuta（一种手势，“Mono”意为手，“Cortuta”意为有角的，在地中海文化中是一种比较粗俗的手势，食指与小拇指伸出，其余三指内收）、Mano in Fica（一种侮辱女性的手势，又叫“Fig 手势”，“Fica”意为无花果，在俚语中指女性的阴部）、侮辱性手势、掌心相对、大拇指对着食指、伸出大拇指、紧握拳头、双手交叉于胸前、举起一只手臂、双臂从身体两侧展开、拍手等。克里奇利，《无声的语言》，参见上文所引该作者之著作，第 102–127 页。
39 同上，第 220 页。

Piero della Francesca 皮耶罗 · 德拉 · 弗朗切斯卡
Ruoskinta《基督的鞭挞》，1453 年
Urbino, Galleria Nazionale 乌尔比诺国家美术馆
Detail 细节

(Source: Piero della Francesca, Scala, Firenze, 1987)
（来源：皮耶罗 · 德拉 · 弗朗切斯卡，斯卡拉，佛罗伦萨，1987 年）

第2章 工作之手

“然而手的技能比我们想象的要丰富……手可以触碰与延伸物体、接纳与接受物体——而且不仅仅是作用于物体：手还可以延伸自己，并从别人手中接受到来自自身的友善……但是，当人们需要进行无声交流时，手势便以其最完美的纯粹性精确地通过自身语言在各种场合发挥作用……在工作中，人手部的每一个动作都带有思考的因子，手的每个举动都产生于这些因子。手的全部工作都根源于思考。”

——马丁·海德格尔[1]

07

手与工具

工具是手的延伸，工具使手的功能更加专业化，使手得以突破其天生的力量与能力。当我们使用斧子或鞘刀时，娴熟的使用者并不会将手和工具看作不同的部分或相互分离的独立存在；工具已发展成为手的一部分，转变为人体的一种全新器官，即“工具－手”（tool-hand）。哲学家米歇尔·塞尔（Michel Serres）生动地描述了这种生命与无生命元素的完美结合：“当手握着锤子的时候，它就不再是原来的手了，它成为锤子本身，它不再是一把锤子，它变得透明，在锤与钉之间，它消失了，消散了，而我的手在开始写作后，也早已消失不见。手和思想，就像一个人的语言，消失在确定之中……”[2]

在轻微改进、使用与淘汰的过程中，工具在逐渐进化。最好的工具是长期以来无名工匠们不断改进的结果，而一些特别知名的设计师制作的工具，通常只是激起短暂的新鲜感，并不能融入某种特定工具真正的血液中。乐器，特别是那些专业设计师构想出的乐器，就是这种美学好奇心的一个例子。类似的是，所有伟大的艺术作品都成为我们讨论的艺术形式传统中不可分割的一部分，而不仅仅是个人特色的发明。双手及其行动直接塑造了伟大的工具。几个世纪的持续工作已经改良了很多基本工具——如刀、锤、斧、锯、刨——这种改良远超过那些自我的个人设计者基于功能与美学理性思考而做出的改进。不同文化中，工具的发展显示出其独特的“DNA”，可以说，独特的文化基因引导了工具的进化，最终使之与文化相关联。就像人类的手一样，每个工具也具有自己的基因，是独一无二的存在。例如，我们也许可以清晰地分辨出日本工具中的遗传线索与斯堪的纳维亚或北美的显著差异；这件工具的性能与外观会不可避免地反应出这种文化对工作及其社会价值的独特态度。

工具具有一种特别而无可争辩的美。这是一种由绝对因果关系带来的美，而不是对某种美学概念的物化。就连最早的石器也在人类手中呈现出使用价值，传达出完美的表现与性能带来的无可争辩的愉悦感。工具之美体现出与鲜活生命同样的对于必然性的喜悦；确实，工具拥有人类手之本身的美感，因为手就是最完美的工具。传统的工具、仪器和车辆总是产生于材料获取渠道十分有限的条件下，比如许多爱斯基摩文化就投射出一种极为有力而动人的美，正是这种美将美学的乐趣和探索发现的纯真乐趣结合了起来。

建筑同样如此，如澳大利亚的格伦·马库特（Glenn Murcutt）设计建造的房子——就完美地契合了其环境设置及功能需要，精确地表达了气候条件及其结构、材料的精髓，而无需任何主观的美学意愿——它成为某种建筑工具，具有同手工工具一样的美与必然性。介于手难以琢磨的复杂性、手的行为及其与大脑等身体其他部位的关系，手工工具在本质上都是身体工具。然而，从单手到双手工具，还有作为整个人体与神经构造延伸的工具、仪器和机器——如自行车、汽车或飞机，各种工具性能的复杂性也因工具的不同而各不相同。就像锤子和手的界限消失于敲打的行动中一样，复杂的工具，比如乐器，也会与演奏者的身体交融；一位伟大的音乐家演奏的并非是一种与之分离的乐器，而是在演奏着自己。在绘画中，铅笔和笔刷成为手与脑不可分割的延伸部分。一位画家是利用大脑无意识的目的性在作画，而不是将笔刷看作一种物质性实体。

除却这种神奇的融合，工具也并非无知无识，它们拓展了我们的能力并以特别的方式指引着我们的行为与思想。如果我们在绘制一个建筑项目的方案时，认为炭笔、铅笔、墨水笔或鼠标是等同的而且可以互换，这便完全误解了手、脑、工具相融合的本质。

08

工匠之手

每当看到那种在一位工匠的形象、他/她的手及其工作环境之间，产生的完全的一致性与莫名的亲密感时，我就会被深深地打动。一位鞋匠的工作环境与双手、一间阴暗的笼罩着烟尘和煤炭燃烧气味的铁匠铺子，一种木匠的形象、工具、作坊和木头干净味道充分融合形成的统一性氛围，井井有条、干净卫生的牙医诊所接待室和牙医戴着手套的手之间的统一性，或者是一间高度科技化的显微手术室与戴着防护面具的医生之间的完整性，所有这些都揭示了一种个人与工艺、责任与自尊之间的结合。这种结合反映出了工匠的奉献、决心和希望。在这些人中，每个人都为工作的高度专业化而努力训练着自己的双手，同时，为了他们毕生追求的终极目标而与他们的行业之间达成了一种契约。

如果建筑师们对于他们的建筑工艺持有毫不妥协、乐于求索、谦逊恭谨又志怀高远的态度，他们的工作室往往就能表达出建筑师的个性并展现建筑师和制造者对他/她们工作的热爱与尊重。这些工作室是记录一个人毕生艰辛工作和忠于使命的史诗。独特的使命感和条理性通常隐匿于貌似杂乱无章的速写、工作模型、材料样本、照片、笔记、备忘录和书籍之中。

文化历史学家理查德·桑内特（Richard Sennett）在新书《工匠》（Craftsman）中，讲述了工艺简史、工艺的独特思维与行为方式、工艺与工具和机器的关系、必备技艺的发展，以及工匠的伦理观。在当今机械化大生产的环境中，在科技世界、机械生产以及人类双手技艺缺失的遗憾现状下，工艺传统正明显得到越来越多的重视与认可。在传统文化里，整个生活世界都是人类双手的产物，每日的工作与生活领域中，我们需要不停地将双手的技能和其产品传递给他人。传统的生活世界就是上一代和下一代的手世代延续地不断碰撞与融合。

在我的祖国芬兰曾有许多传统的专业技艺——比如传统教会船只的建造、篮子的制作、松焦油的炼制、建筑与物品的复原、建筑仿材的涂刷——然而这些传统技艺在 20 世纪六七十年代狂热的工业化进程中几乎消失殆尽。幸运的是，在盛行一时的工业化狂潮之后，一股新兴的对传统的关注挽救了包括上述几项在内的很多传统手工艺，然而在世界范围内，仍然有数不清的技艺和大量非言语性的知识，印刻在永不过时的生活模式与谋生方式中，有待保护与修复。人类双手在全世界日积月累的传统实践，形成了人类真正的生存技巧。

工艺起源于个人在手工技术、训练和体验中的付出与判断。桑内特指出："每位优秀的工匠都能使具体实践与思考对话；这种对话演化成为一种延续性的习惯，这些习惯在解决问题与发现问题之间建立起了一种韵律。"[3] 甚至作曲家、诗人和作家也经常以工匠自居。安东·契诃夫（Anton Chekhov）通过俄语词"mastersvo"（工艺大师）来形容他身兼医生和作家的双重技艺，豪尔赫·路易斯·博尔赫斯（Jorge Luis Borges）同样将写作视为一种技艺，这一观念就直接反映于 1967—1968 年他在哈佛演讲的题目中，这些演讲稿被出版成书，名曰《诗艺》（*This Craft of Verse*）。[4]

除了工具，掌握一门娴熟的技艺实践也离不开手的想象力，在每次杰出的技艺实践中，都能看到某种坚定的意图，以及手中对所完成任务与作品的一种想象。理查德·桑内特在谈及手的肢体动作与想象力的关系时，提出了两个基本观点：

“观点一，所有的技艺，即便是最抽象的技艺，也都会以身体实践为出发点；观点二，对技艺的认知需要借助想象的力量而发展。观点一强调了通过双手的触摸和运动而获得的知识。关于想象力的探讨起源于对指挥、引导身体技能的语言的探索。”[5]

工匠需要在思考和制作、理念和执行、行动和物质、学习和执行、个人认同和工作、傲慢和谦卑之间建立特定的关系。工匠需要将工具或仪器具身化，内化材料的本质，从而最终以物质或非物质的形式，将自己融入制成品中。艺术家 / 制作者与他 / 她的作品之间常常具有惊人的物理相似性或共鸣；想想阿尔伯托·贾科梅蒂（Alberto Giacometti）那纤细、忧郁的体态，再想想他那孤独、被腐蚀的行走雕塑——那些巨大的脚掌羞怯地附着在大地母亲的表面。

在《伯杰论绘画》（*Berger On Drawing*）一书中，约翰·伯杰如此描述绘画中艺术家及其作品之间的这种身份的认同或融合：“每一次对事物的确认或否认都将你与之拉得更近，直到最后，你仿佛进入那事物之中：你画笔下的轮廓不再是你所见事物的边界，而是你已成为的事物的边界。”[6]

传奇芬兰设计师、大师级工匠塔比奥·威卡拉（Tapio Wirkkala，1915—1985 年）几乎可以使用所有的材料进行工作，而即便作为工业设计师，他也可以为自己的玻璃作品原型亲手制作石墨模具。他精湛的手工操作能力同样体现在刀工上：他能够将芬兰黑面包切成均匀纤细的薄片，他也是剔鱼骨的一把好手，他可以手工雕刻一个雕塑或一个物体的原型，还可以双手同时在黑板上画出一个正圆。他左右手的绘画、写字功底一样好，在写作或绘图中需要描绘一根直线时，他甚至可以在画线的过程中将铅笔从一只手换到另一只手中。在用电动工具切大型桦木板制作雕塑时，在用金刚石刻刀雕刻玻璃制品时，或者在绘制一张小小的邮票时，他的双手都同样果断与娴熟。

威卡拉如此解释他与材料的关系："用手制作东西对我来说意义重大。甚至可以说，在我雕刻或塑造自然材料时，几乎可以感受到一种治疗的效果。它们启发并引领我进行新的实验。它们将我传送到另一个世界。在那个世界里，即使我的双目失明，我的指尖依然可以帮我看见事物的运动以及不断浮现的几何形状。"[7] 他也常常用"指尖的眼睛"来形容手之触觉的微妙精准。

工匠的工作就意味着他与材料的协作。他需要倾听材料的诉说，而不是将一个预先成型的理念或形状强加于材料之上。布朗库西（Brancusi）是一位创作纯粹形式的魔术师，但是他也深切地关心材料的自然特性，他说："你无法做出你想做的东西，你只能做出材料允许你做的东西。你无法用大理石做出要用木头才能做出的东西，你也无法用木头做出需要用石头才能做出的东西……每种材料都拥有自己的生命，一个人若是糟蹋了具有生命的材料，做出愚蠢麻木的东西，那他必将受到惩罚。也就是说，我们不能让材料讲我们的语言，我们必须随它们一起到达材料的语言清晰可读的节点。"[8]

另一位形式大师威卡拉，表达了几乎同样的观点："所有的材料都有自己不成文的规则。你永远不可违背你手中材料的意志。设计者的意图应与材料相一致。工匠具有一种优势，那就是在工作的任何阶段，材料都始终在其双手的感知与掌控之下。而在工业生产中，材料则必须永远服从于一些既定的规则和机械装置，而且工作一旦开始便很难再做出改变。"[9]

芬兰雕塑家凯恩·塔帕（Kain Tapper，1930—2004年）在打磨木质和石质雕塑的流动形体或充满韵律感的表面肌理的过程中，更多依赖于手掌的感觉而非眼睛。他喜欢在湖边抛光他的石质作品，因为他能感受到湖面的水平状态，这种水平的可靠性让他的视觉和触觉都变得更加敏锐。他微妙的木质浮雕可以被称为"触觉画"，因为在这些作品中，对手与肌肤的强调丝毫不亚于对眼睛的强调。

在另一篇文章中，威卡拉解释了双手活动、绘图和模型制作之间的交互关系：

> “一幅图画或草图是一种创作理念，为工作的展开提供基础。一次创作中，我会画几十张，有时甚至上百张的草图。然后从中挑选出具有发展潜力的。在将创作对象送往生产商之前，要把它看成一个坚实的东西，这一点对我而言十分重要。模型制作是我工作中至关重要的一个环节。我用一些固体材料制作出模型。通常，我不会只做一个，而是会做很多模型进行比较，然后从中挑出一个继续制作。通过这样的方法，我的创作理念变得更加清晰，同时也更容易发现一些失误之处。”[10]

即使是在计算机辅助设计与虚拟建模的时代，实体模型仍然是设计师和建筑师设计过程中无可取代的辅助手段。三维的材料模型直接与手和身体“对话”，其效果与同眼睛“对话”的效果一样强大，模型制作的过程同时也是在模拟实际建造的过程。

模型的用途多种多样：它们是一种快速概括出创作理念精髓的方式；是一个人思考、工作，使理念具体化或明晰化的媒介；是一种向客户或政府机构介绍一个项目的方式；是一种分析、展现项目设计理念精髓的方法。模型还被用于研究一个建筑项目中的某些特定方面，如照明或音效质量。模型将理念具体化、形象化：一般模型的小型尺寸以及观察者的外部性促使、允许他们对建筑体多方面的确认与判断，若无模型的帮助，有的方面可能就照顾不到。如亨利·摩尔所言，模型帮助建筑师从建筑体在空间中的完整性来思考这个项目。除了调整与促进设计进程的基本任务，建筑模型也经常被视为或制作成半独立的艺术品，或者，至少也具有一定的美学欣赏价值。[11]

09

协作的技艺

在绘图时，一位成熟的设计师或建筑师并不会将注意力完全集中于绘画的线条之上，因为他在想象这件物体本身，在他的脑海中，他所创作的，正是已然握于手中或占据了空间的实体。在设计的过程中，建筑师就处在他所绘线条表达的结构中。当设计师的大脑从绘画或模型的现实转变为项目的物质实体时，设计师不断完善的图像就不仅仅只是一些视觉上的呈现了，这些图像构成了一个完全触觉性的、多重感官的想象现实。建筑师在想象的结构中自由驰骋，不管它有多么庞大复杂，建筑师就像是行走在这建筑中，触摸着它的每一寸表面，感受着它的物质实体与纹理。这种亲密感，就算不是完全不可能，也是很难通过计算机辅助建模与模拟的手段来模拟的。

绘图时，一个人可以通过铅笔的笔尖，切实地触及设计对象的一切边缘和表面，那支铅笔已然成为绘图者指尖的延伸。绘图中“手－眼－脑”的结合十分自然流畅，仿佛绘图铅笔是沟通两种现实的桥梁，在实际的绘图与图像所描绘的、思维空间中并不实际存在的物体之间，设计者的关注点可以不断转换。

图纸和模型具有辅助设计过程本身和向他人传达设计意图的双重任务。工作中的图纸最终将构想设计的指令传达给工匠和建造者来执行。甚至在这为了实际操作而传达指令的最后阶段中，也存在着神奇的元素，而人们却往往只将该阶段看成指令传达过程中仅要求精确性和逻辑清晰性的一个必要步骤。拉尔斯·松克（Lars Sonck，1870—1956年）设计的坦佩雷大教堂（Tampere Cathedral）的自然石墙总是令我惊叹不已，那石墙似乎具有一种被特别关照的感觉，仿佛每一块石头都是被精心筛选并安放于所属位置上的，透露着一种灵感迸射或心醉神迷的状态。阿尔瓦·阿尔托（Alvar Aalto）设计的赛于奈察洛镇市政厅（Säynätsalo Town Hall，1948—1952年）、于韦斯屈莱大学（Jyväskylä University，1952—1957年）以及他的"红色时期"其他建筑项目里的红砖墙，在阳光下仿佛在颤动，讲述着砖砌建筑传统的整个历史，这些红砖墙都具有一种触觉上的强大召唤力，这种力量诉说着砌砖技艺与手的触感。然而，恰位于附近的另一座房子，用同样的砖块砌成，由一位才华稍微逊色的建筑师设计，其墙面显得毫无生机，红砖在这里只是工业化大批量生产的建筑元素。

据说，瑞典建筑大师西格德·劳伦兹（Sigurd Lewerentz，1885—1975年）曾在每日清晨早早到达两个由他设计的教堂的建筑工地——一个是位于鲍俊凯哈根（Björkhagen）的圣马克教堂，另一个是位于克利潘（Klippan）的圣彼得教堂。工地上，当砌砖工人们开始了日常工作，他便坐在椅子上，用雨伞指向一摞砖中的一块，再指向堆砌中的砖墙上这块砖头"注定要在"的位置。在劳伦兹设计的墙体和拱顶中，砖块之间留有很宽的灰泥缝，这样每一块砖都保留了自身独立性，粗糙的砌砖痕迹表现了工作中身体的参与，从中似乎可以嗅到劳作的汗水，听到砌砖工人们的闲谈。据说，劳伦兹向砌砖工人撒了一个善意的谎，他告诉工人们那些砖块表面最终是会抹上灰泥的，否则，这些砌砖工人怎么也不会同意如此粗野地堆砌砖块，尤其在当今具有严格质量标准的专业实践中。无论此事是真是假，重点是这个故事强调了就算在看似机械的工作中，人的意图和亲密的人际交流也有重要意义。

大多数设计者——比如玻璃制品艺术家或家具设计师，更不用说建筑师了——很少会亲自动手制作他们的设计。因此，他们需要去了解材料和技艺的可行性与局限性，并将他们的想法和意图传达给专业的工匠，于是，工匠的双手就成为设计师执行工作的替代之手。无论在工作室中还是在建筑工地上，建筑师总是需要一大批替代之手以执行他们的设计。比如在塔皮奥·威卡拉（Tapio Wirkkala）为威尼斯的维尼尼（Venini）玻璃工厂设计独家玻璃产品时，这位芬兰设计师在创作中就会结合穆拉诺岛维尼尼工厂数代威尼斯玻璃吹制大师积累传承的知识与技艺。材料相关知识的共享、追求工艺极限与个人技艺极限的野心以及作品本身的逻辑，在芬兰设计师威卡拉与威尼斯玻璃吹制大师之间形成了一种无声语言的句法。事实上，设计师威卡拉的协作者不是任何单个的工匠，而是那永恒的玻璃吹制技术传统。

从前，我认为建筑师的职责是设计操作起来尽可能简单的结构与细节。但当我认识到每一位高深的专业人士都有其追求与尊严，我便完全改变了此前的想法。技艺娴熟的工匠和建造者是乐于接受挑战的，因此，对他们而言，一项工作应使其能够充分施展自己的能力，从而获得内心渴求的动力与满足感。过于简单或重复的工作会扼杀追求、自尊、骄傲，最终会扼杀技艺本身。最重要的是，协作的技艺间需要相互尊重。阿尔瓦·阿尔托在不同产品制作中与不同专家、工匠沟通的能力可谓是大师级水准，这位备受尊敬的学者能够与木工、砌砖工人平等对话，努力激发他们内化自己的工作，使他们尽可能极高水平地发挥所长。

设计师与建筑师掌握好一门技艺，能够更好地把握其他技艺的细微之处，尤其是能够使他们尊重工匠在执行他们的设计时应用的特殊技能与经验。另外，任何技能的学习过程都会教人切身地学会谦逊。傲慢自大者永远都不会学到真正的技术。

10

作为工艺的建筑

建筑行业传统上被视为一门工艺，或者说它比较接近工艺这一概念。建筑理念的产生与实际工地建造的过程有着紧密联系，而直到文艺复兴时期，绘图才成为一种构想建筑的手段。[12] 在此以前，建筑与绘画和雕塑一样被视为手工行业。为了将这些体力的、手工操作的艺术提升至“自由技艺”（liberal arts）的水平 *，使之与四艺（the quadrivium）——算术、几何、天文和音乐——相提并论，这类实践中就必须拥有一个坚实的理论基础——即数学基础，当时，人们发现数学基础也存在于音乐理论中。[13] 如维特鲁威（Vitruvius，前 84—前 14 年）在其经典论著《建筑十书》（De architectura libri decem）中所言：建筑的本质很大程度上存在于技术实例之中。佛罗伦萨圣母百花大教堂（Cathedral of S Maria del Fiore，1417—1446 年）的椭圆穹窿顶直径达 43 米，高度 115 米，无拱鹰架，依靠两个肋壳结构支撑。为了建造这个穹窿顶，除了要构思一套新型结构规则外，钟表匠出身的建筑师伯鲁乃列斯基（Filippo Brunelleeschi）还不得不发明一整套的施工机械，用来将巨大的石块运送到飞耸入天的穹顶之上。同样应记住的是，文艺复兴时期的建筑大师通常也是画家和雕塑家。

包括丹麦在内的一些国家，传统上通往建筑师行业的另一条道路就来自某些建造技艺，如砌砖、木工活或者家具制作。传统上，建筑专业与建

* 自由技艺（liberal arts）的理念起源于古希腊罗马，意为自由人应当接受的技能，包含“七艺”：核心的三艺（the trivium）是文法、逻辑和修辞，进阶的四艺（the quadrivium）是算数、几何、天文和音乐。该理念经中世纪、文艺复兴直到 20 世纪早期在欧洲高等教育中一直很受重视且有所发展。在现代语境下此词多指一种基于社会中的人的通才素质教育，所谓“博雅教育”。本文使用的是该词的历史含义。——译者注

筑工地和建筑过程联系紧密，然而，到了现代，对专业分工的强调导致了建筑师与建造的体力工作截然分离。在建筑工地做学徒曾是建筑专业教育的必修部分，那时，建筑师常常需要练就一门手艺，如制图、绘画或雕塑，将之作为爱好或当成锻炼手工技艺、展开形式试验的手段，这门手艺的练就巩固了专业建筑练习与实际建造的关系——即理念与物质、形式与实操之间的关系。

然而，在战后的几十年里，建筑教育对理性的强调以及建筑师工作室和建筑工地之间的实际距离及心理距离的日益增长，毫无疑问地削弱了建筑师工作中的手工本质。如今的建筑师通常不会直接进入建筑的物质与体力制造过程中，而是远远地坐在自己的工作室里，仅仅通过一些图纸和语言说明来工作，更像一个律师。另外，持续增强的专业分化和建筑实践中的劳动分工已经使建筑师的自我认同、建筑过程和最终结果这一传统上的整体变得支离破碎。最终，计算机的使用完全打断了想象力和设计对象之间在感官和触觉上的联系。

如今，“设计－建造实践”体系又重新引入设计和建造、思考和动手之间的紧密关系，特别是在美国的一些建筑工作室，如亚拉巴马州的山姆·莫克比（Sam Mockbee）乡村工作室、亚利桑那州的里克·罗伊（Rick Joy）工作室、堪萨斯州的丹·洛克希尔（Dan Rockhill）工作室。同时，“设计－建造实践”体系又使设计师重获对施工与建筑细节的全面掌控权，潜在地剔除了当今建造公司的保守主义与粗制滥造。洛克希尔的 804 工作室（Rockhill's Studio 804）和加拿大新斯科舍省布莱恩·麦基－莱昂斯（Bryan Mackay-Lyons）的幽灵国际建筑研究室（Ghost International Architectural Laboratory）的相关课程都是致力于将建筑教育带回实践与实体建造过程的例证。

世界各地很多小型建筑工作室通常拥有一种工匠的气质，并与其作品保持着一种亲密的、触觉上的联系。伦佐·皮亚诺（Renzo Piano）是当今高技派建筑师中当之无愧的佼佼者，但是他仍会有意地在建筑设计、试验和执行设计中保持一种工匠的方法。皮亚诺这样解释他工匠式的工作方法："首先我会勾勒草图，然后绘制一张图纸，接着制作一个模型，继而回归现实——即身临建筑工地——然后再回去绘制图纸。这样，我就在图纸绘制与实际建造之间建立起了某种循环。"[14] 建筑师皮亚诺的这种方法与塔比奥·威卡拉例证的"工匠－设计师"工作法十分相似。这些工作过程中关键点就是"循环"，即从理念到草图、到模型、到实际尺寸试验，再回到最初的持续视点转换。如此艰辛而复杂的过程，也使得建筑远在实际建造开始之前，就已经作为完全非物质的心理构想而存在了。事实上，常常在最终的建筑概念确立之前，建筑师就已经以心理构想的形式建造并测试了多个建筑方案。

不厌其烦的重复是伦佐·皮亚诺工作的一个重要特点。"这是典型的工匠做法。思考与动手同时进行。你需要边绘制图纸，边进行实际建造。绘制的图纸……需要反复修改。建筑师的工作就是一个设计、修改再设计、再修改再设计的过程。"[15] 皮亚诺为自己的工作室起了一个合适的名字——"伦佐·皮亚诺建造工作室"（Renzo Piano Building Workshop），这个名字反映了团队合作的理念，也揭示了自中世纪以来就长期存在的工匠和艺术家的工作室传统，工作室中师傅、学徒和工作的关系密切。皮亚诺工作室具有中世纪行会的感觉，反映了其各项事务和体力劳动的物质性与身体性，与今天那些一尘不染的商务性建筑工作室截然不同。

我认为，与建造过程的联系对建筑师的重要意义依然延续着。如今，一位明智的建筑师会努力建立起自己与工匠、手艺人和艺术家之间深厚的个人友谊，从而将他/她的理性世界和理性思维与所有真正知识的源泉重新相连，那些真正的知识，就是物质与重力的现实世界，就是对物理现象感官的、具身的理解。

注释

1 马丁·海德格尔，“什么召唤思”（What calls for thinking?），《基础写作》（*Basic Writings*），哈珀与罗出版公司（Harper & Row）（纽约），1977 年，第 357 页。
2 米歇尔·塞尔，《五种官能》（*Five Senses*），引自史蒂文·康纳（Steven Connor），“米歇尔·塞尔的‘五种官能’”，《感官帝国》（*Empire of the Senses*），戴维·豪斯（David Howes）编辑。贝格（Berg）出版社，牛津和纽约，2005 年，第 311 页。
3 理查德·桑内特，《手工艺人》，耶鲁大学出版社，纽黑文和伦敦，2008 年，第 9 页。
4 豪尔赫·路易斯·博尔赫斯，《诗艺》，哈佛大学出版社，马萨诸塞州剑桥和英国伦敦，2000 年。
5 桑内特，第 35 页。
6 约翰·伯格，《伯格论绘画》，吉姆·萨维奇（Jim Savage）编辑，Occasional 出版社，爱尔兰科克郡，Aghabullogue，2007 年，第 3 页。
7 引自：尤哈尼·帕拉斯玛（Juhani Pallasmaa）“塔皮奥·威卡拉的世界”，《塔皮奥·威卡拉：眼睛，手与思维》（*Tapio Wirkkala: Eye, Hand and Thought*）。应用艺术博物馆（Taideteollisuusmuseo）。邦尼尔出版集团（Werner Söderström Oy），赫尔辛基，2000 年，第 21 页。
8 出自：多萝西·达德利（Dorothy Dudley），“布朗库西”，《日晷》杂志（*Dial*）82 期（1927 年 2 月），第 124 页。转引自：埃里克·薛恩斯（Eric Shanes），《布朗库西》。阿比维尔出版社（Abbeville Press），纽约，1989 年，第 106 页。
9 引自：帕拉斯玛，第 22 页。
10 引自：帕拉斯玛，第 21 页
11 建筑模型的研究可以参见：马克·莫里斯（Mark Morris），《模型：建筑和微观模型》（*Models: Architecture and the Miniature*），Wiley Academy 出版社，英国，奇切斯特，2006 年。
12 建筑绘画这一实践的源起参看：卡米·布罗瑟斯（Cammy Brothers），《米开朗琪罗，绘画和建筑发明》（*Michelangelo, Drawing and the Invention of Architecture*），耶鲁大学出版社，纽黑文和伦敦，2008 年。
13 鲁道夫·维特科尔（Rudolph Wittkower），《人文主义时代的建筑原理》（*Architecture Principles in the Age of Humanism*），兰登书屋，纽约，第 110 页。
14 引自：桑内特，第 40 页。
15 引自：桑内特，第 40 页。

Leonardo da Vinci 莱昂纳多 · 达 · 芬奇
《岩间圣母》Kalliomadonna,1482 年
Lontoo, National Gallery 伦敦国家美术馆
Detail 细节

(Source: Leonardo da Vinci: The Complete Works, Harry N. Abrams, Inc.. New York)
（来源:《莱昂纳多 · 达 · 芬奇：作品全集》，哈里 · N · 艾布拉姆斯）

第3章

眼-手-脑之融合

“看着眼前这幅（艺术家的模型的）图像，仿佛炭笔描绘的每一笔都从玻璃上抹去了部分薄雾，至此这些雾气不再阻挡我看到这个图像……在笼罩着未知图像的迷雾之上，我就能够感受到一个由实线组成的结构。这个结构使我的想象自由驰骋，不久灵感浮现，这灵感既来自这个结构，也直接来自模型本身……工作中的绘图包含过程中所有发酵自内部的细微观察，如同池塘里的气泡一样。”

——亨利·马蒂斯（Heri Matisse）[1]

11

实验和游戏的艺术

戴维·皮耶（David Pye）在《手艺的本质与艺术》（*The Nature and Art of Workmanship*）一书中，将手艺划分为两种："风险性手艺"（workmanship of risk）和"确定性手艺"（workmanship of certainty）。第一种对待手艺的态度"意味着在任何时候，无论由于粗心、经验缺乏还是意外，工匠都有损毁作品的可能性。"第二种方式则出于"作品完成质量的好坏是预先注定的，超出了操作者的可控范围。"作为一位木制品工艺大师，戴维·皮耶做出如下结论："自人类历史之初以来，除了最近三四代人生活的几十年，所有最受赞誉的人工制品都是由工匠们在有风险的情况下制作的。"[2]

这种引人深思的，对手工艺实践具有显著道德内涵的两类划分，也同样适用于当今的建筑实践。大多实践在工作中都偏向应用已经形成或经过验证的标准方法和解决方案，而具有抱负与勇气的建筑工作室则更倾向于实验性地使用新的结构、形式、材料、节点，或其中几项的组合。第二类实践就是乐于使用"风险性工艺"的例证。所谓的"风险"通常是指前往无人之地的精神冒险，而关乎安全性、持久性、外观等此类的实际风险，则可通过一系列因素而大大降低，如工作经验、细心的计算、试验、调查以及实验室或原型测试等。这种冒险指向一位建筑师的个性、价值观、信仰和抱负——作为建筑师及专业人士的自我认同。其创作的状态是一种触觉上的沉浸，在这种状态中，双手半独立地去探究、求索与触摸。芬兰建筑师莱玛·比尔蒂拉（Reima Pietilä，1923—1993年）将设计过程比作捕猎和垂钓，你永远无法确定能捕到什么，也许最终什么都得不到。比尔蒂拉的工作方法便是一种语言探索与视觉探索的巧妙融合，他绘制的草图像是在用他自创的文字探测一般，同时，他的所说所写又常常投射出视觉草图的特征。他的线条和语言都在探索并塑造着一个未知领域的轮廓。通过对芬兰独特景观形态的研究，他常常能发现工作项目中的形式语言、结构、肌理和韵律。[3]

阿尔瓦·阿尔托提出了一种罕见而亲切的视角，使人得以洞见伟大思维在创造过程中的联想及试验，指明了草图绘制过程中，一双漫不经心的手及其看似无意识、无目的玩耍的重要作用。

> “这就是我所做的——有时完全出自本能。在对任务的感觉及任务涉及的无数指令沉入我的潜意识中的那一刻，我暂时性地忘记了所有错综复杂的问题。然后，我继续用一种与抽象艺术十分类似的方法进行工作。我只是凭着直觉去绘画，我所画的并非复杂的建筑综合体，而常常像是孩子的绘画作品，就这样，基于一种抽象的基础，创作的主要想法渐渐成形，形成一种具有普遍性的物质实体，帮我将众多矛盾要素带向和谐统一的状态。”[4]

阿尔托的设计方法表明，在创造性工作中，意识集中的状态需要得到暂时的放松，代之以一种具身化的、无意识的心理审视。此刻，眼睛和外部世界变得模糊，而意识与视觉变得内在化和具身化。

> “在设计维堡图书馆（the Viipuri City Library）时（那时我有长达5年的充裕时间），我用了很长的时间尝试绘制我想要的山脉，就像天真的孩童绘画一样。我画出了各种各样奇妙的山脉景观，很多太阳从不同角度同时照亮了山坡，后来，这一构想逐渐成为这座建筑的主要

设计理念……我那孩童般的绘画只是间接地与建筑学的思考相关联，但它们最终形成了相互交织的截面与平面，形成了一种平面和垂直构造的统一。”[5]

阿尔托依靠潜意识绘制的“山脉景观”和“许多太阳”的草图最终引导他完成了图书馆的设计方案，图书馆由有阶梯起伏的地面和57个直径1.8米的圆锥形天窗组成，这样的天窗可以阻挡日照角度最大为52°*的光线直接照射入室内。这个源自不经意涂鸦的项目最终成为功能主义建筑最重要的作品之一。阿尔托喜欢用薄薄的卷筒描图纸画草图，因为这种纸可以让他无止境地抽出长长的纸带，持续作画，类似于“一连串想法”（train-of-thought）写作法或“自动书写”（automatic writing）法。这些用于记录的纸带为阿尔托工作的大脑打开了思路，使得其思路可以保持从整体转向部分，从平面和剖面的想法转向细节、尺寸与面积的基础计算或文字记录，如此反复循环。有时在做某个特定项目期间，他的思维似乎会暂时地转到另外一个完全不同的项目中——也许是一件家具或灯具。阿尔托的草图具体展现了设计过程的非线性特征，以及在不同尺度和一个项目的不同方面之间来回调整的本质，事实上，这与伦佐·皮亚诺的自白不谋而合。除了创作过程的流动性，阿尔托松散的草图也证明了眼－手－脑无缝协作的本质。

在穆拉特萨罗的实验住宅（Experimental House at Muuratsalo，1952—1953年）这个案例中，阿尔托指出其设计方法中实验与游戏的重要性，同时他也强调了责任感：

“（我有）一个坚定的信念，也是本能的感觉，即：在我们这个艰苦劳作、精于算计、功利主义的时代，我们必须继续相信，在为人类、为那些长大的孩子们建造一个社会时，游戏依然具有至关重要的意义。同样的理念，要以哪一种形式呈现出来，必然存在于每一位具有责任

* 52° 为当地夏至正午时分的日照角度。——译者注

感的建筑师心中。不过，片面地沉迷于游戏，将使我们沦于对形式、结构的玩弄，并且最终玩弄了他人的身体与灵魂；这意味着将游戏视为了玩笑……我们必须将严肃的实验工作与游戏的心态相结合，反之亦然。只有当形式从建筑的结构中有逻辑地诞生，我们经验性的知识因我们可以严肃地称为游戏的艺术而增色时，我们才算是走上了正轨。科技与经济必须永远与能够提升生活质量的魅力相结合。”[6]

“实验住宅”（The Experimental House）是一项既在概念或哲学层面又关乎材料使用和细节的实验。在盛行木质结构的地域与推崇木质建筑类型的时代，这座位于芬兰湖景之滨的砖砌避暑别墅，体现了地中海地区中庭住宅的特点，不过与中庭住宅不同，这个建筑项目还包含了一系列的实验性探索，如：砖块和瓷砖的各种砌筑方法，建造在天然岩石上的自由形态的地基，自由形态的支撑系统，太阳能加热系统，以及“植物的美学效应”等。[7]

从 20 世纪 30 年代到 50 年代早期，阿尔瓦·阿尔托主要专注于对曲木家具的研究，在此期间，他通过各种弯曲木材的方法进行雕塑实验，展现了设计中艺术实验的半独立性角色。另一方面，安东尼奥·高迪（Antonio Gaudi，1852—1932 年）著名的反转结构实验例证了物理模型的应用，他通过设计这些模型来研究建筑结构的性能和形态。马克·威斯特（Mark West）目前在马尼托巴大学（the University of Manitoba）建筑系进行的将混凝土结构灌入帆布模具中的研究实验，延续了这种通过直接的材料实验来设计新结构的方法；理论构想来源于制造过程，而不是理论构想决定了制造过程。

12

技艺与无聊

一门工艺建立在习得的特殊技艺之上；桑内特将技艺定义为一种训练有素的练习。[8] 任何技艺都需要不知疲倦的练习："当我还是茱莉亚音乐学院的一名学生时，我们每天都要练习 14 个小时的钢琴，我们明白任何不在钢琴边的时间都是在浪费时间，" 钢琴家米沙·迪西特（Misha Dichter）如是说。[9] 这番自白说明，任何一门特殊的手工技艺——无论是钢琴家、木偶戏演员还是杂耍演员——都需要进行痴迷般投入的无休止的练习。根据研究的估算得出下面这个结论，任何手部或身体技艺都需要约 10000 小时的训练才能达到专业水平的要求。心理学者丹尼尔·列维京（Daniel Levitin）指出："通过研究作曲家、篮球运动员、小说家、滑冰运动员……以及犯罪高手，研究者发现这一数字依然反复出现。" [10]

然而，过度的训练与思考又会对表现效果起到反作用。同为钢琴家、歌手与用心理分析的方法研究艺术与艺术创作的学者，安东·埃伦茨维希（Anton Ehrenzweig，1908—1966 年）指出，在动作的精确性和与之对应、必不可少的生命律动之间需要有必要的平衡："一位尽职的钢琴家首先希望习得的必备技能就是能使手指进行规则、均等的运动。但如果忽视演奏过程中出于本能的变化，就会扼杀音乐的鲜活灵魂。他既无法聆听自己身体的告白也没有尊重其作品的独立性生命。" [11]

约瑟夫·布罗茨基（Joseph Brodsky）针对专业技艺的负面影响也有

过类似的忠告："在现实中（在艺术中，我想，也包括在科学中）经验和随之而来的专家意见是制作者最可怕的敌人。"[12] 这位诗人忠告我们，被广泛采用、认可的专家意见常常容易让人错误地以为已做好准备并容易有确定感。对于具备深厚创造力的个人或工匠而言，每次处理任务都是一次新的开始，这种态度恰恰是与所谓的专家意见相反的。

布罗茨基还强调，对于制作者而言，工作过程远比结果要重要："在工作过程中，没有哪个诚实的工匠或制作者清楚自己究竟是在制作还是在创作……对于他来说，无论是第一、第二还是最后一个，事实永远都是工作本身，都是工作的过程。没有过程就不会有结果，即便只因为这一点，过程也永远优先于结果。"[13] 这位诗人似乎是说，诚然，最终结果完成得完美与否对艺术家和制作者而言至关重要，但是，结果并不仅仅是一种预想，而是在过程中才能成型并得到提炼改善的。同样的道理，在艺术工作中，美或简约也并非艺术家提前预计、刻意定下的目标；得到美或简约等品质往往来自努力追求其他目标的过程。事实上，布罗茨基批判了艾兹拉·庞德（Ezra Pound）以"美"为直接目标的谬误："他没有意识到美是永远不可能成为目标的，美只能是追求其他目标——往往是很普通的目标时得到的副产品。"[14] 关于对纯净与简约的追求，做减法的大师康斯坦丁·布朗库西表达了几乎相同的观点："简约不是艺术的终点，但在追求事物本质的道路上，一个人总能不由自主地达到简约，事实上，简约即是复杂，一个人必须从这种本质得到滋养才能明白它的重要性。"[15] 在另一篇文章中，雕刻家如此坦言："我从来没有刻意追求过那种所谓的纯净或抽象形式。我的思维中从来都不存在纯净与简约，我唯一的目标就是获得事物最真实的感觉。"[16]

对一门技艺的训练就意味着无止境的练习与重复，直到临近一种无聊的状态。[17] 然而，随着技艺水平的逐渐进步，加之身心的投入，抵消了消极的无聊感受。事实上，时间缓流和无聊的体验能启发冥想般的心理活动。我自己也逐渐学会感恩战争时期还是孩童的我在祖父小农场的那段无休止的令人痛苦的日子，感恩那段因缺乏外界刺激而备受折磨的无聊体验。所谓的外界刺激，一般来源于朋友、爱好、娱乐和书籍，然而，在大概 70 年前那个与外界隔绝的芬兰农场，这些东西都是那么遥不可及。正是因为早些年没有别人有意为我安排或提供这种刺激，后来的我才得以保持一种好奇感以及对于观察事物的热忱，对此，我一直心怀感激。正如奥多·马夸德（Odo Marquard）所言，在当今世界，我们都普遍缺乏“独处的艺术”。[18]

孩童时期的无聊经历点燃了想象的火焰，激发了独立自主的观察、游戏和想象的能力。这种情况同样能帮助一个人认清事物间本质的因果关系。如今，父母、老师对孩子过度开发的趋势，或许会给孩子想象力、发明创造力及自我意识的培养带来灾难性的后果。在如今的日常生活中，机械化、自动化、电子化的设备和器具，连同它们不可见的工作方式及功能，很有可能会削弱对物理层面因果关系的感受，就算是成人也不例外，更不用说标准化娱乐和电子游戏给人际互动、社会互动以及同情心带来的最终影响了。

无聊与重复相关，然而学习任何专业化的技能都需要一种荒谬的重复。在我看来，如今被刺激过度的年轻人倾向于把重复仅仅看作是一种痛苦。甚至对于如今的很多学生来说，一些慢节奏的事，如观看安德烈·塔考夫斯基（Andrey Tarkovsky）的电影，都是一种身体上的折磨，他们已经习惯动作片中那些不断加速的刺激了。

13

眼、手和大脑

对于运动员、工匠、魔术师而言，眼、手和大脑天衣无缝的无意识协作十分重要，这对于艺术家也同样适用。当这个过程逐渐完善，手与大脑思维的感知与行为便渐失其独立性，变成宛若一体的、下意识的应答协调系统。最终的状态就像是创作者的自我感知在完成一项任务，仿佛一项工作或技能其实是他/她的存在感知的外在流露。制造者与工作之间的认同感是完整的。在最佳状态下，制造者与作品之间的精神和物质之流如此诱人，以至于这件作品似乎在自我生成。实际上，这便是一种创造迸发时心醉神迷的体验；艺术家们不断声称他们只是记录那些显露在他们眼前或超越了理性意识控制而不知不觉中浮现的东西。“于我而言，风景在我的体内思考自身，而我则是它的意识。”保罗·塞尚（Paul Cézanne）如此表述道。[19] 威廉·萨克雷（William Thackeray）指出他笔下人物的独立性：“我从不束缚我的人物；他们掌握着我，带我去他们想去的地方。”[20] 当有人指责巴尔扎克（Honoré de Balzac）虽然塑造了一个英雄人物，但只是走向一场又一场悲剧性灾难时，他回应道：“不要打扰我……这些人完全没有脊梁骨。发生在他们身上的一切都不可避免。”[21]

眼、手和大脑的融合创造出一幅图像，它不仅仅是对某一物体的视觉记录或再现，而是物体本身。就如让-保罗·萨特（Jean-Paul Sartre）所观察到的：“他（画家）制作出它们（房屋），即他在帆布上创造出一座想象中的房子，而不仅仅是房屋这个符号。由此，这房子似乎存留了真实房屋的不确定性。”[22]

球类运动者击球或接球时，眼－手－脑的结合体经历了即时且无意识的、有关相对空间位置、速度及运动的计算，还包括一系列战术的规划。这项高要求的任务将时间的多个维度混融在一起——感知时间、客观时间及反应时间——就在刹那间的动作里，这只有通过勤勉的练习才能完成，练习能成功地将任务具身化。面对此境况时，将其看作分离的、外在的一项任务，不如让其成为运动员自我感知的一部分。音乐家与画家也同样需要将眼、手和大脑的动作融合成统一的单个反应。“宇宙已经被浓缩到一支画笔的笔端，”就像诗人兰德尔·杰瑞尔（Randall Jarrell）评论一位成熟的画家时所言。[23]

当一位画家，比如梵高（Vincent van Gogh）或者莫奈（Claude Monet），画一个场景时，其双手并非试图去复制或模仿眼睛所见或大脑所想。绘画是一项单一且整体性的行为，在此过程中，双手在看，眼睛在作画，而大脑在触摸。“双手渴望能看见，双眼渴望去抚摸”，歌德（Johann Wolfgang von Goethe）如是说[24]；抑或就像布朗库西（Brancusi）描述他创作雕塑《苏格拉底》（Socrates，1992年）时完全专注的状态时所说的：“没有什么可以瞒过伟大的思考者——他知道一切，他能看见一切，他能听见一切。他的眼睛在他的耳朵里，他的耳朵在他的眼睛里。”[25]

意图、感知和手的工作并不是各自独立存在的。单独的绘画行为与其身体性和物质性既为手段也是目标。“对于莫奈，或与之迥异的画家而言，部分目标是在绘画时达到无法辨认哪些颜料是在上层而哪些在下层……草场不再是一张由稀疏零落的植物所装饰的绿色卡片，而是一片沃土，植被繁茂，生命的影子跳跃其上。莫奈交织的笔触提亮那些随意闪耀在画中茎与叶之间的光斑，迷惑了双眼，并模仿着一片真实土地上无可救药的混乱，让一片草场产生。”詹姆斯·艾尔金斯（James Elkins）这样描述一幅莫奈的画在经验层面的魔力[26]，过程、作品和制作者的充分融合："就如同诗歌或其他任何富有创造性的努力，绘画需在制作中完成，作品与其创作者交换着想法并互相换位……初始的想法仅仅是路标，而作品真正的实质才刚刚开始。"[27]

外与内、物质与精神、想法与实施与上述事例相似的融合也出现在设计师和建筑师的工作中，尽管他们的工作常常会被痛苦地延长，或被缺乏创造性、深入性的阶段所打断。对建筑师而言要求最高的一项任务，是能够维持设计的灵感和新鲜的工作方法，历经数年，有时还需要连续做许多不属于主要实践范围的项目。[28]

艾尔金斯写过画家的"原初材料"（materia prima）及它与炼金术的概念和实践的关系，他论述道："它既为空无（nothing）（万事皆无，一切尚未形成），也为一切（everything）（一切潜藏的，一切等待着存在的东西）……'原初材料'是形容一种在空无中看见一切的思维状态。"[29]

画家的手不仅仅复制着观察到的、记忆中的或想象的物体、人物或事件的视觉外观，手还修炼着一项不可能完成的任务，即通过知觉的和感官的表现重塑事物的本质及其真实的生活感。带有个人印记的伦勃朗（Rembrandt）肖像画或印象派的风景画不仅仅描绘着物体的形式、颜色和光影；色彩、纹理与光影的斑点唤醒了物体，使其回到完整的生活。"艺术必须突然降临。生命的震撼、呼吸的感触会瞬间显现"，正如布朗库西所描述的。[30]

除了将生活融入风景，一件意义深厚的作品也会投射出物体形而上的实质，事实上，它创造了一个世界。"如果一位画家向我们呈现满地鲜花或一瓶鲜花，他的画作就是通向整个世界的窗口，"如让－保罗·萨特所说。[31] 一件深厚的艺术作品唤醒了世界，而这世界正是经验的现实世界。梅洛－庞蒂（Merleau-Ponty）指出了一件艺术作品多维性和多感官性的本质：

“我们看见了物体的深度、光滑程度、柔软性与坚硬性；塞尚（Cezanne）甚至声称我们看见了其气味。如果画家要描绘世界，那么他对颜色的配置必须具有不可分割的统一性，否则他的图画只能暗指事物，而无法给予它们非凡的统一、现场感以及无法超越的丰富性，这才是我们定义的真实。这便是为什么每一笔触皆需满足众多的条件……如伯纳德（Bernard）所言，每一笔都需‘承载着空气、光线、物体、构成、个性、轮廓，还有风格’。表达存在是一项永无止境的工作。”[32]

然而，即便艺术家工作似乎永无止境或在逻辑上存在不可能性，伟大的杰作都切实完美地再造了对象，不仅仅诠释了单一物体的存在，更体现了我们生活世界的那个本质。

注释

1 亨利·马蒂斯，“肖像画”（1954 年），引自：杰克·D·弗拉姆（Jack D Flam）（编），《马蒂斯论艺术》（*Mattisse On Art*），EP·杜登（EP Dutton）出版社（纽约），1978 年，第 152 页。

2 戴维·派伊（David Pye），《技艺的本质与艺术》（*The Nature and Art of Workmanship*）（1968 年首次出版），赫伯特出版社（The Herbert Press）（伦敦），修订版，1995 年，第 9 页。

3 参见：尤哈尼·帕拉斯玛，《莱丽和莱玛·比尔蒂拉：现代建筑的挑战者》（*Raili and Reima Pietilä: The challengers of modern architecture*）一书中“莱玛·比尔蒂拉与芬兰建筑博物馆圈”（Reima Pietilä and the circle of the Museum of Finnish Architecture），芬兰建筑博物馆（赫尔辛基），2008 年，第 16–23 页。

4 阿尔瓦·阿尔托，“鳟鱼和溪流”（Trout and the mountain stream），引自：戈兰·希尔特（Göran Schildt）（编），《阿尔瓦·阿尔托自述》，奥塔瓦出版公司（Otava Publishing Company）（赫尔辛基），1997 年，第 108 页。

5 同上。

6 阿尔瓦·阿尔托，“穆拉特桑罗的实验屋”（Experimental House at Muuratsalo），项目描述，《建筑师》（*Arkkitehti*），No. 9–10，1953 年，赫尔辛基。

7 同上。最初概念中的地基、支撑系统及太阳能加热实验部分并未实施。

8 理查德·桑内特，《手工艺人》，耶鲁大学出版社（康涅狄格州纽黑文和伦敦），2008 年，第 37 页。

9 转引自：弗兰克·R·威尔逊，《手的奥秘：论手的使用对人类大脑、语言及文化的塑造》，众神殿图书（Pantheon Books）（纽约），1998 年，第 210 页。

10 转引自：理查德·桑内特，《手工艺人》，参见上文所引该作者之著作，第 172 页。

11 安东·埃伦茨维希，《艺术的隐匿秩序》（*The Hidden Order of Art*），（1967 年首次出版），帕拉丁（Paladin）出版社（英国赫特福德郡，圣奥尔本斯），1973 年，第 57 页。

12 约瑟夫·布罗茨基，“猫的‘喵呜’”（A Cat's Meow），《悲伤与理智》（*On Grief and Reason*），法勒、斯特劳斯与吉劳克斯（Farrar, Straus& Giroux）出版社（纽约），1997 年，第 302 页。

13 同上，第 301 页。

14 约瑟夫·布罗茨基，《水印》（*Watermark*），企鹅图书（伦敦），1997 年，第 70 页。

15 布朗库西展览目录，布鲁默画廊（Brummer Gallery），纽约，1926 年。埃里克·薛恩斯，《康斯坦丁·布朗库西》，阿比维尔出版社（纽约），1989 年重印版本，第 106 页。

16 转引自：多萝西·达德利，“布朗库西”，《日晷》杂志（*Dial*）82 期（1927 年 2 月），再版：薛恩斯，《康斯坦丁·布朗库西》，参见上文所引该作者之著作，第 107 页。

17 挪威哲学家拉尔斯·斯文德森（Lars Fr H Svendsen）写过在一本有趣的书，名为《无聊的哲学》（*Philosophy of Boredom*），塔米（Tammi）出版社（赫尔辛基），2005 年。该书讲述了“无聊”的发展史及其不断变化的词义。基于对布罗茨基的论述，斯文德森提出自己的观点，如：“我们的存在在很大程度上是无聊的，这也是我们如此重视创造与创新的原因。如今，我们对‘有趣’之事的强调比‘有价值’之事更多，当我们以是否‘有趣’作为事物的评判标准时，我们是单纯从审美角度出发的……唯有越来越大的强度，或者最好是新鲜事物，才能激活人的审美之眸，眼睛的意识形态是至上的。”（第 31 页），（英文由尤哈尼·帕拉斯玛译）。

18 转引自：同上，第 163 页。

19 转引自：莫里斯·梅洛－庞蒂，《意识与无意识》，西北大学出版社（伊利诺伊州，埃文斯顿），平装本第六版，1991 年，第 17 页。

20 转引自：尤哈尼·帕拉斯玛，“无意识与创造性”（Unconsciousness and Creativity），引自：尤哈尼·帕拉斯玛，《在世之在的艺术》（*the Art of Being-in-the-world*），印务中心 / 芬兰美术学院（Painatuskeskus/Kuvataideakatemia），（赫尔辛基），1993 年，第 68 页。

21 同上。

22 让 – 保罗 · 萨特，《什么是文学?》(*What is Literature?*)，彼得 · 史密斯 (Peter Smith) 出版社 (马萨诸塞州，格洛斯特)，1978 年，第 4 页。

23 兰德尔 · 杰瑞尔，“反对抽象表现主义” (Against Abstract Expressionism)，引自：JD · 麦克拉奇 (JD McClatchy) (编)，《诗人论画家》(*Poets on Painters*)，加利福尼亚大学出版社 (伯克利、洛杉矶和伦敦)，1990 年，第 189 页。

24 转引自：布鲁克 · 霍奇 (Brooke Hodge) (编)，《不是建筑而是存在的证迹——劳蕾塔 · 文奇亚雷利的水彩作品》(*Not Architecture But Evidence That it Exists – Lauretta Vinciarelli's Watercolors*)，哈佛大学设计研究院 (马萨诸塞州，剑桥市)，1998 年，第 130 页。

25 引自作者早期笔记；来源不明。

26 詹姆斯 · 埃尔金斯 (James Elkins)，《绘画是什么》(*What Painting Is*)，劳特利奇 (Routledge) 出版社 (纽约和伦敦)，2000 年，第 14 页。

27 同上，第 78 页。

28 科林 · 圣约翰 · 威尔逊爵士 (Sir Colin St John Wilson) 为他的大英图书馆项目工作了 28 年 (1971—1999 年)，这一项目历经了皇家、专家与公众严厉批评的诸多阶段。

29 埃尔金斯，《绘画是什么》，参见上文所引该作者之著作，第 84 页。

30 转引自：埃里克 · 薛恩斯，《康斯坦丁 · 布朗库西》，阿比维尔出版社 (纽约)，1989 年，第 67 页。

31 萨特，《什么是文学?》，参见上文所引该作者之著作，第 272 页。

32 梅洛 – 庞蒂，《意识与无意识》，参见上文所引该作者之著作，第 15 页。

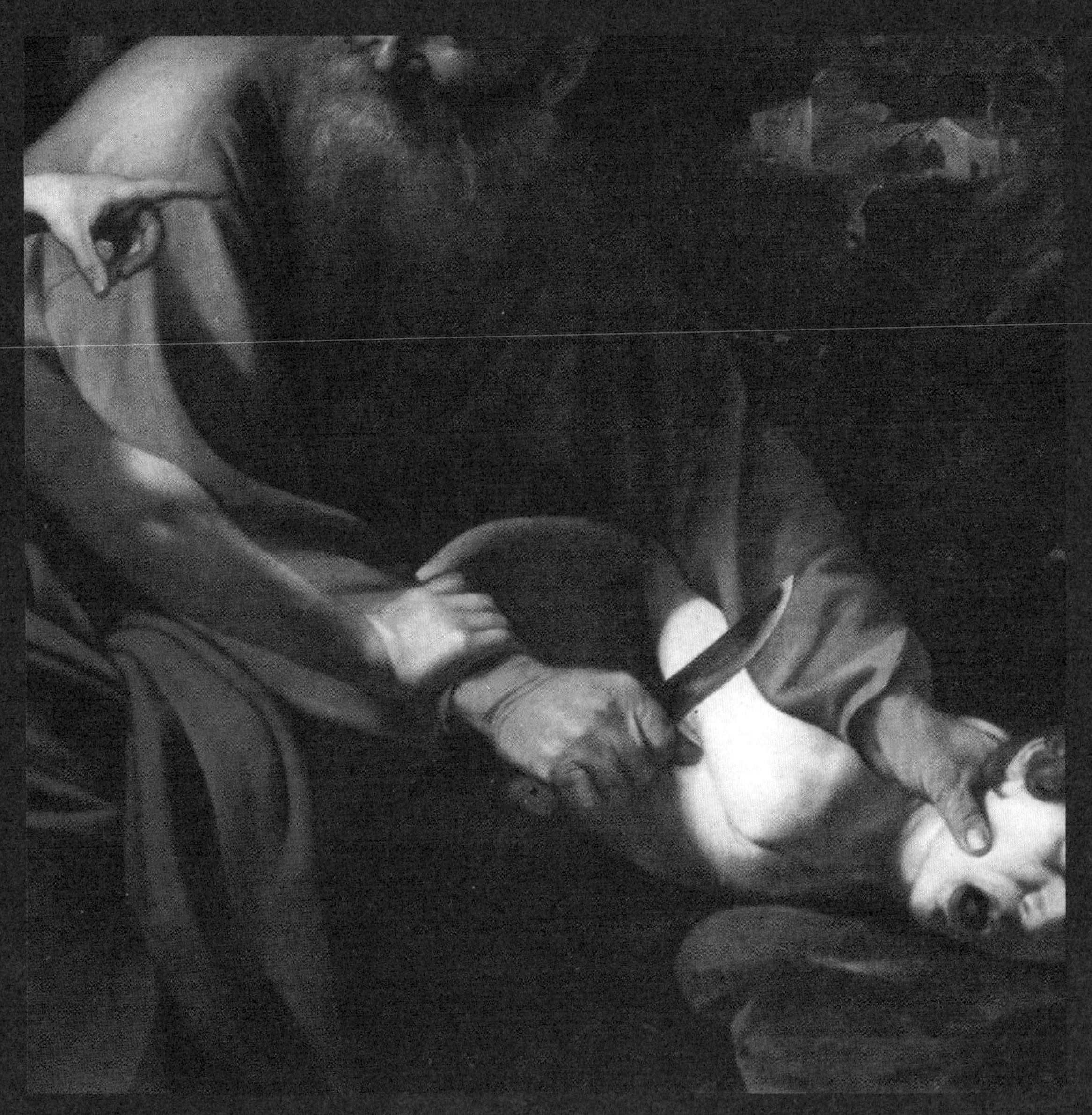

Caravaggio 卡拉瓦乔 , Isakin uhraus《以撒的献祭》，1603 年
Uffici, Firenze 乌菲齐美术馆，佛罗伦萨
Detail 细节

(Source: Alfred Moit, Caravaggio, Thames and Hudson, 1989)
（来源：阿尔弗雷德·穆特，卡拉瓦乔，泰晤士河和哈德森出版社，1989 年）

第4章

绘画的手

“肖像画是最非凡的艺术之一。它要求艺术家具备一些特殊的天分，有可能几乎完全认识他的模特。画家来到他的模特身边时不应有先入之见。模特的一切向他显现，应当像一片风景中乡间的一切迹象向他显现时一样，它们是：泥土的清香，嬉游云朵下的花儿，树木的轻摇，以及乡间各种各样的声音。”

——亨利·马蒂斯[1]

14

绘画和自我

素描（sketching）和绘画（drawing）是一种空间的、触感的练习，它将外界空间和物质的现实，以及内在感知、思索和想象的现实融入一个单独辩证的实体中。当我勾勒一个物体、人物形象或风景的轮廓时，事实上我是在触摸并感觉我所关注的物体表面，然后潜意识地去感受、内化它的特点。在单纯地回应所观察与描摹的轮廓之外，我的肌肉也在模仿线条的节奏，最终，图像被印记在肌肉的记忆中。事实上，素描与绘画的每一次活动都产生了三个层次的图像：纸上的绘画，印记在大脑中的视觉图像，还有绘画行为本身带来的肌肉记忆。三种图像都不单是瞬间快照，因为它们是经过当时不断观察、测量、评估、修改、再评估的过程所产生的记录。一幅绘画作品是浓缩了整个过程的一幅图像，它将一段独特的时间融合到一个画面中。一幅速写事实上是一幅时间的图像，是一张记录下电影般的动作而形成的平面图像。

速写的多重本质，它层叠的曝光，仿佛让我可以清晰铭记在我五十多年周游世界的过程中画下每一张速写时的情景。然而我很难忆起用相机拍摄过的地方，因为拍照片具身（embodied）记录的功能与之相比较弱。当然这个说法不能降低照片作为一种艺术形式在其自身范畴内的价值，但它确实强调了照片在记录体验的行为方面在身体经验上（corporeal）的局限性。

在 19 世纪后的几十年中，照相术成为记录并解释物质和生物世界的技术手段。现代神经生物学之父圣地亚哥 · 拉蒙 · 卡哈尔（Santiago Ramón y Cajal）坚持让自己的学生们上水彩画课，并这样解释道：

“如果我们研究的是一个有关解剖学或者自然历史的物体，观察应伴随着描绘，因为，除了其他的优势之外，描绘某物的动作可以训练并强化我们的注意力，迫使我们关注研究现象的全部特征，以防出现细节的遗漏，而这往往是在一般的观察中所忽略的……伟大的居维叶（Cuvier，1769—1832 年）[乔治 · 利奥玻尔德 · 居维叶（Georges Léopold Cuvier），法国博物学家、动物学家]。有理由断言，如果没有绘画艺术，自然史和解剖学便不可能出现。毋庸置疑，所有伟大的观察者都擅长画速写。”[2]

绘画是一个观察和表现的过程，接受和给予同时发生。它常常是另一类双重视角的结果；一幅画可以看起来同时向内又向外，通向观察的世界或想象的世界，进入画者自身角色和其精神世界。每一幅速写和图画都包含了作者和其精神世界的一部分，同时在真实世界或想象宇宙中对应着一个物体或景象。每一幅绘画也是对画家的过去和记忆的一次挖掘。约翰 · 伯杰（John Berger）这样描写这种物体与画家自身的重要融合：“事实上正是绘画的动作迫使艺术家正视面前的物体，用他的心眼（mind's eye）分解它，再将它重组；或者，如果他是依靠记忆作画，那就会迫使他在自己的意识中挖掘，发现他脑海中存储的过去观察的内容。”[3]

15

绘图的可触知性

当速写一个想象的空间或正在设计中的物体时，双手会直接且精细地与大脑中的图像合作且产生相互作用。以手为媒介，这幅图像同时在大脑的内部构想中和草图上生成。这很难辨别孰先孰后，是纸上、大脑中的线条，抑或大脑中某个意图产生的某种意识。在某种程度上，这一图像似乎是通过人类的双手在描绘其自身。

约翰·伯杰（John Berger）指出了这一外部与内在现实的辨证交织："我所描绘的每一笔都改变着纸上的图形，同时它也重塑着我脑中的图像。而且，手绘的线条也重新描绘了模特本身，因为它改变了我的感知能力。"[4]亨利·马蒂斯（Henri Matisse）也作出了相似的评论："当绘制一幅肖像画时，我一次又一次回到我的草图中，而每次它都呈现出我画的新的人像：它不是我修改中的人像，而是我重新开始绘制的另一个完全不同的肖像；并且每一次我都从同一个人物中提取出他不同的存在。"[5]显而易见，绘画行为融合了感觉、记忆，还有一个人对自我与生命的感知：一幅画通常表现出多于它实际主题的内容。每一幅画都是一份证词。"一幅树的画作呈现的不是一棵树，而是一棵被观看的树（a tree-being-looked-at）……对树瞬间的一瞥便建立起一次对生命的体验。"[6]一幅画并非将树当作客观实体进行复制；这幅画记录了这棵树被观察和被体验的方式。

最初大脑中的图像也许会作为视觉实体呈现出来，但也可以是触觉、肌肉或身体的印象，抑或是一种无可赋形的感觉，借由双手在完成一系列线条组成的形状和结构时形成。一个人无法辨认图像是否首先在大脑中成形，然后被双手记录下来，还是双手独立生产了图像，又或者是画者双手与心理空间持续合作的结果。通常绘画行为本身，在制作过程中无意识思考行动的深深介入，引发出一幅图像或一个想法。“绘画”（drawing）一词的第二个意思——拉出（to pull）——指出绘画的本质意义是一种抽出、揭示并具体化内部的心理图像、感受的手段，而这一点与记录外部的世界同等重要。手感觉到不可见的无形刺激，将它拉入空间与物质世界，并给予它形状。“他所见的每一物，均由他的指尖触摸，”约翰·伯杰（John Berger）如此评述一幅文森特·梵高（Vincent van Gogh）画作的可触知性。[7] 恰是这用手指触摸观察或幻想物体的行为，无论亲密或疏远，形成了创作的过程。

在写作中也有相似的现象，时常地——也许可以说往往如此——书写过程本身会引发不期而遇的想法，以及一种特别流畅、富有灵感的精神之流。毫无疑问，手在写作中也具有核心作用。但不仅仅是双手，甚至诗歌或音乐创作也是一个具身的与存在的行动（An embodied and existential act）。诗人查尔斯·汤姆林森（Charles Tomlinson）指出绘画与诗歌实践中的身体基础："如果你情愿，绘画能唤醒双手，诱入你肌肉的协调感，还有你身体的感觉。诗歌当它围绕重音回旋，当它行至诗行末尾，当它在行文中停顿休息时，也将整个人带入诵读的过程，以及他自我的身体感觉中。”[8]

约翰·伯杰（John Berger）诗意地描述了在他的设想中梵高绘画过程的具身化行为、内化作用和投射机制：

> “（画图的）姿势来自他的手、他的腕、他的肩，甚至来自他颈部的肌肉，他在纸上画下笔触随着能量的流，这些能量流不完全来自他的身体，而是只在他绘画时才显现。何为能量流？一棵树成长的能量，一株植物找寻阳光的能量，一根树枝需要与其邻枝相协调的能量，蓟和灌木根基的能量，一块嵌在斜坡上岩石的重量，阳光的能量，一片

荫翳对任何在酷热中饱受煎熬的生命的吸引力，塑造了岩层的冬季寒冷的西北风的能量。”[9]

在伯杰的描述中，艺术家整个身体的肌肉似乎都参与到绘画的身体行动中来，而这行动从主体本身获得能量。显而易见，将制图与绘画看作纯粹视觉实验的一般理解是完全错误的。由于建筑固有且具体的空间性，以及其不可辩驳的具身的与存在的（An embodied and existential）本质，凭视觉理解这种艺术形式也非常具有误导性。

现代性普遍迷恋于视觉并压制触知性（tactility），然而许多视觉艺术家已经开始关注触觉（tactile sense）。例如，布朗库西（Brancusi）于 1917 年在纽约展出他的作品《为盲人的雕塑》（*Sculpture for the Blind*，1916 年），这个雕塑被隐藏在一个布袋里，因此它只能通过触摸来体验。[10]

与布朗库西的想法相呼应，弗吉尼亚大学的珊黛 · 伊列斯古（Sanda Iliescu）通过触摸的感觉教建筑系的学生如何绘画。学生们将要绘制的物体被放在黑布制成的立方容器里，并留有套筒，以便他们伸手触摸并研究物体。这样做效果显著，学生们用手代替眼睛来观察的时候，就会在绘画中关注物体完全不同的特性和品质。触摸的绘画在总体氛围上也与视觉观察的绘画截然不同。

眼 – 手 – 大脑的结合通常是艺术创作的方式，然而也有一些严肃的尝试来削弱或消除这一闭环。我的导师奥利斯 · 布隆姆斯达特（Aulis Blomstedt）教授喜欢闭上眼睛画图，从而消除眼与手的密切协同感。当今的一些艺术家，例如布莱斯 · 马登（Brice Marden），用长棍作画以将线条从手的严格把控中解放出来。抽象表现主义画家，比如杰克逊 · 波洛克（Jackson Pollock）和莫里斯 · 路易斯（Morris Louis），利用重力及倾倒或泼洒颜料的过程，将色彩涂写在帆布上，而非用眼睛的视觉引导和用双手的肌肉控制。塞 · 托姆布雷（Cy Twombly）尝试在黑暗中绘制草图，还有一段时间他强迫自己用左手绘画。[11]

16

计算机化的手

否认计算机的好处无疑是一种无知、充满偏见的勒德分子(Luddite)似的观点。* 在很短时间内，计算机技术完全改变了研究、生产和日常生活领域里的无数个方面。它也不可逆转地改变了建筑实践。然而，在承认计算机及其相关的数码技术所带来的好处的同时，我们需要鉴别它们与以往设计手段的不同之处。我们必须考虑其可能存在的局限性和问题，比如说，建筑师工作中精神与感受方面的缺失。

毫无疑问，计算机决定性地加快了建筑生产的诸多方面，除了快速精确的绘图功能外，它也在建筑建成之前的分析、测试以及虚拟模型设计中发挥了很好的功用。此外，计算机也被直接用于生成艺术、建筑以及城市的形态。全计算机设计的问题也十分明显，尤其表现在构思和决定建筑本质这段最为敏感也最脆弱的设计初期。握着一支炭笔、铅笔或者钢笔的手能够创造一种直接的触觉联系，即物体、对物体的表达和设计者的头脑之间的关系；手绘草图、图纸或者实体模型都被共同塑造在物质实体的肉身(flesh of physical materiality)中，物质化的对象在这个世界中被设计，由建筑师自己的身体将之具身化，而计算机操作以及图像的形成都发生在一个数学的、抽象的非物质世界。

对此，我的疑虑在于，与电脑图像虚假的精确和它显然的局限性相比，手绘具有天然的含糊和固有的迟疑性，需要通过重复、试

* 勒德分子是一类害怕或者厌恶技术的人，尤其是威胁现有工作的新技术。在工业革命期间，英格兰的纺织工人主张模仿一个叫作奈德·路德(Ned Ludd)的人破坏工厂设备来抵制节省劳动力的技术带给工厂的改变。——译者注

错，而逐渐达到确定和精准，最后达成符合要求的解决方案。这一过程是所有创造性研究中固有的结构，半个世纪以前，安东·艾仁兹维格（Anton Ehrenzweig）就在其著名的两部著作《艺术视听的精神分析》（*The Psycho-Analysis of Artistic Vision and Hearing*，1953年）[12]，《艺术的隐秘秩序》（*The Hidden Order of Art*，1967年）[13]中对此做出过令人信服的描述。威廉·詹姆斯（William James）宣称艾仁兹维格（Ehrenzweig）在第一本书的扉页引用的话明确表达了他的意图："简言之，我迫不及待想让大家关注的，正是模糊性在精神生活的适当方面得到了恢复。"[14]艾仁兹维格（Ehrenzweig）引用了雅克·阿达马（Jacques Hadamard）有趣的言论，"希腊几何学在希腊化时代由于其过于精确的形象化丧失了创造性的推动力。这种精确的形象化催生了数代聪慧的计算者和几何学者，但他们并非真正的几何学家。几何理论的发展完全停滞了。"[15]

思考、表现乃至情绪的精确性非常关键，但要紧的是与开放的、含糊的、包含一切的，以及海洋般广阔的创造性的想象力产生对话和对位。在今天教育学的哲学和方法下，人们完全忽视了模糊的重大作用。

艾仁兹维格（Ehrenzweig）提出：

> "当一切有意识的控制被忘却的时候，创造力永远与这欢乐的时光相连。两种觉悟——有意识的理性和无意识的直觉，这两者之间真实的冲突没有被充分了解……如果创造性的思考者必须处理自身已经相当精确的元素，比如几何或建筑图示，这反而并非好事。"[16]

尽管计算机这种新工具在艾仁兹维格的时代尚不存在，但艾仁兹维格一定拒绝接受计算机作为深化理念的一种工具所具备的虚假精确性。计算机化的手会允许"*完全忘却意识控制的那快乐一刻*"吗？它会允许一个多感官的意象（multi-sensory imagery）和具身的认同（embodied identification）吗？

艾仁兹维格进一步以建筑设计为例来解释他对过度精细产生疑虑的原因：

> “创作动机只有在与最终结果尚保持模糊之时具有产出力，否则就会变成机械的装配设施。我已经提到建筑设计是如何被其追求视觉的精确性以及对图示辅助手段的滥用（平面图、立面图等）所累。这些视觉辅助看起来做出了对建筑问题的精准表达，但事实上却是掩盖了问题。于好的设计而言，将设计过程分成多个与最终结果无明显联系的步骤是至关重要的。”[17]

计算机经常被狂热地推崇为一种只有益处并解放了人类想象力的发明。然而在我看来，计算机将设计过程变成一种被动的视觉处理、一种视网膜的信息反馈，并试图使我们丰富精彩的多重感官、共时性的想象力扁平化。计算机在创作者与对象之间设置了距离，相反地，手绘草图或者模型制作会使设计者与设计对象或空间肌肤相触。在我们的想象力中，我们仿佛由内而外地触摸到了设计的对象或空间。更准确地说，我们同时在手掌和头脑中想象设计对象：我们也同时存在于设计对象的内与外。最终设计对象变成了设计者身体的部分和延伸。

用手和铅笔/钢笔作画，手会跟随着对象的轮廓、形状和样式移动，但是用鼠标和电脑画图时，手通常选择给定的线条标记，缺乏类比——或者缺乏触觉和情感——缺乏与描绘对象的关系。相反，手绘是对线条、阴影和色调模拟地塑形，而计算机作图是一种间接的构造（mediated construction）。

我进一步的疑虑则在于整体与部分之间的关系，在画手绘图和做模型的过程中，存在那种整体与部分自然的双向关系及其辩证的连续性；然而在计算机化的过程中，其追求完美的特性试图去创造一种碎片化和断裂的感觉。只有压制、模糊细节和精确性，才能把握整体。

不同尺度的绘图都能帮助把握视觉的属性和比例，然而触觉的想象力通常要借助与原始尺寸同样大小的绘图。尽管事实上，计算机画图发生在一对一的现实中，但是画图时无尺度感的经验，和缺乏想象力通过手所产生的触觉联系，使得计算机生成的图形在传达设计实体的触觉感方面很薄弱。

全计算机生成的设计也许的确会投射出吸引人眼球的表面魅力，但是事实上它们发生在这样一个世界里，其中的观察者仿佛丧失了肌肤、双手与身体。设计者本人对于他 / 她的设计以及身体而言都是局外人。计算机图像是为无身体的观察者准备的。

我强烈建议在设计教育与实践之初借助手绘和实体模型来工作。世界范围内很多学校都有关于手头功夫与计算机设计之间关系的讨论。我则建议所有学习设计与建筑的同学首先要学会用他们的内在的心理意象（mental imagery）以及双手来工作，然后才允许使用计算机。在我看来，当学生学会了运用自己的想象力，而且将设计任务的具身化这一重要过程完全内化之后，计算机也许就不会有太大的坏处。然而，如果没有这一心理上内化的过程，无论如何，计算机设计都易变成单纯的视网膜之旅，做设计的学生始终是一个外人和观察者，没有对构思的现实建立一个生动的思维模型。我的观点是，每位学生在被准许使用计算机之前都要通过一个测验，来确定他们是否有能力生成心理意象（mental imagery）。

支持计算机辅助设计的论据是计算机可以实现复杂空间、拓扑图形以及合乎规格的设计。相反，如果没有计算机，则无法构思和执行这些设计。阿尔瓦·阿尔托（Alvar Aalto）在依马特拉（Imatra）的伏克塞尼斯卡（Vuoksenniska）设计的三十字教堂（Church of the Three Crosses，1955—1958 年）以其完全由模型推导出的三维的空间性，在复杂性层面可媲美当今 CAD 设计的建筑。无论如何，这个教堂是一栋造型非凡并充满美感的建筑，有着令人信服的材料触感和结构真实性。它有着强烈的真实感，而正是由于其材料与结构带给我们的强烈感觉，它能如此优雅地激起与唤醒我们的身体和想象。建筑结构完整自在地存在于我们身体所占据的同一种生活的现实里，而不是存在于一个无重量感、无尺度感的数学空间里。当然这栋建筑设计于计算机时代来临之前，为了让设计团队给这次有特殊要求的设计任务做准备，阿尔托还派遣了这次工作中他的主要助手——卡尔洛·利伯伦（Kaarlo Leppänen）—— 一名很有才干的芬兰建筑师——去往赫尔辛基大学几个月，来更新他的几何学知识。

我觉得有必要重申我的观点：我并不是要反对计算机。我只是想说计算机与传统的绘图手段和制作实体模型的方法相比从根本上讲是完全不同的工具。炭笔、铅笔和钢笔的线条富有表现力和情感，手工制作的模型也是如此，它们能表现踌躇和笃定、判断和激情、枯燥和欣喜、喜爱和厌恶。手绘线条的每一个迁延、力度、阴影、厚度和速度都承载着特定的意义。手绘线条存在于空间中：它被置于一个独特的感知或想象空间。与富有表现力和生活情感的手绘线条相比，计算机线条则是一种简明的、统一的两点间连线。计算机线条当然也可以模拟手绘线条的效果，但是它们的本质仍是数学化（mathematicised）空间中无感情的存在。

17

触摸的首要性：自我形象的可触知性

我们借由感觉来辨认自我与世界之间的界限。我们通过自我的肌肤，即包裹我们的这层特殊薄膜来接触世界。所有的感觉包括视觉都是触觉感官的延伸；这些感觉是皮肤组织的专属，而且所有感觉的体验都是用触摸的方式，因此与触感有关。"通过视觉我们触摸到太阳与星星，" 正如马丁·杰（Martin Jay）就梅洛－庞蒂哲学（Merleau-Ponty's philosophy）所做的诗意评论所言。[18] 这一人类生活世界基本的触摸性加强了手的重要意义。

肯特·C·布隆迈尔（Kent C. Bloomer）和查尔斯·W·穆尔（Charles W. Moore）在他们的《身体、记忆与建筑》（*Body, Memory and Architecture*，早期有关建筑体验的具身化本质的研究书籍之一）一书里指出了触觉领域的首要性："身体图像……根本上由早期生活的触觉与方位体验所形成。之后我们的目视图像发展起来，而它们的意义也建立在最初通过触摸所获得的体验上。" [19] 人类学家阿施雷·蒙塔古（Ashley Montagu）的观点基于医学证明，确认了触觉这一领域的首要性：

> "（皮肤）是我们器官中最古老也最敏感的部分，是我们交流的第一媒介，也是我们最有效的保护者……甚至透明的眼角膜也是由一层改变了的皮肤覆盖……触摸是我们的眼睛、耳朵、鼻子以及嘴巴的根

源。正是感觉使我们不同于他者，这在由来已久的对触觉的评估中是既定的事实，即触摸是‘感官之母’。”[20]

触摸是将对自我的体验和对世界的体验合为一体的感知方式。甚至视觉感官也融入并结合了自我在触觉上的延续统一体；我的身体记得我是谁以及我如何处在这世界中。在马塞尔·普鲁斯特（Marcel Proust）的《追忆似水年华》第一卷里，主人公从他的被窝中醒来，通过他的身体记忆重新建立起他的身份和所在地点：

“然而，当我醒来时，我的思想拼命地活动，徒劳地企图弄清楚我睡在什么地方，那时沉沉的黑暗中，岁月、地域，以及一切的一切，都在我的周围旋转起来。我的身子麻木得无法动弹，只能根据疲劳的情状来确定四肢的位置，从而推算出墙的方位、家具的位置，进一步了解房屋的结构，说出这皮囊安息处的名称。躯壳的记忆，两肋、膝盖和肩膀的记忆，走马灯似的在我的眼前呈现出一连串我曾经居住过的房间。肉眼看不见的四壁，随着想象中不同房间的形状，在我的周围变换着位置，像漩涡一样在黑暗中转动不止。我的思想往往在时间和形式的门槛前犹豫，还没有来得及根据各种情况核实某房的特征，我的身体却抢先回忆起每个房里的床是什么式样的，门是在哪个方向，窗户的采光情况如何，门外有没有楼道，以及我入睡时和醒来时都在想些什么。”[21]

在这里我们和混杂的体验相遇，它将碎片般重组的立体主义构图带入大脑中。

我的身体确实是我世界的中心，这不是说，它是某个中心透视的观察点，而是说，它是参照、记忆、想象及融合的唯一场所。

18

艺术体验中潜意识的触摸

我们通常并不知道视觉里不可避免地隐藏着一种潜意识的触觉体验。当我们观察的时候，眼睛会去触摸，而且在我们看清一件物体之前，我们已经触摸到它并且判断出它的重量、温度和表面肌理。眼和手一直都在合作；眼睛带领双手到达辽远的距离，而在亲密的范围内手则向眼睛诉说。触摸是视觉的潜意识活动，而这种隐匿的触觉体验决定了被感知物体的官能（sensuous）品质。这是触觉中隐藏的元素，也是在绘画中激起的触觉判断和记忆。触摸的感觉调和了邀约与拒绝、亲密与疏远，以及愉悦与反感的信息。正是在视觉上偏爱僵直线条的建筑和设计领域，可悲地忽视了这种视觉中潜意识层面的触摸。我们的建筑也许会诱惑和愉悦双眼，但是它无法为我们的身体、记忆和梦想提供居所。

绘画（drawing）尤其是油画（painting）不仅仅是记录景象的视觉要素；表面上的视觉认知对象传达了这个物体全部的感官要素。19 世纪 80 年代美国的艺术评论家和作家伯纳德·贝伦森（Bernard Berenson）发展了歌德的“增益生命”（life-enhancing）概念，而且他还指出当我们体验一件艺术作品时，实际上是通过“观念中形成的感觉”（ideated sensations）想象了一种真实的身体接触。伯纳德将其中最重要的称为“触觉价值”（tactile values）。[22] 在他看来，真正的艺术工作唤起了我们设想的触感，这种唤起就是“增益生命”。

一个好的建筑作品同样能生成一个不可分割的许多印象的复合体（an indivisible complex of impressions）或“观念中形成的感觉”（ideated sensations），比如说对于运动、重量、张力、结构动力学、形式对位法和韵律的体验，这些成为我们对真实的量度。当走进在加利福尼亚州拉霍亚（La Jolla）由路易斯·康（Louis Kahn）设计的萨尔克研究中心（Slk Institute，1959—1965 年）时，那大理石铺地庭院非比寻常的空间，两旁林立的建筑，天空构成的崇高屋顶，太平洋海面形成的迷人背景墙，都会使我有一种即刻走向最近处混凝土墙面的冲动，去感受它的温度；那种对丝缎、肌肤的联想简直使人无法抵御。事实上为了达到这种“飞蛾翅膀”（the wings of a moth）般灰色的柔软感，路易斯·康在混凝土中加入了火山灰，最终形成了不同凡响的亚光柔和质地。[23] 这栋建筑成功地将宏大无垠的场景与手掌触摸的细微之处融合成一种体验。

康的大师级手法在于他能将看似过分简单的，甚至有些呆头呆脑的建筑方案——比如说得克萨斯州沃斯堡的金贝尔美术馆（Kimbell Art Museum，1966—1972 年），还有康涅狄格州纽黑文的耶鲁英国艺术中心（the Yale Center for British Art）——魔术般地变成复杂性和微妙感、实体和光线、沉重和轻盈的片段。

令人愉悦的物体或建筑传达出一种过程式的体验，揭示了物体或结构的制造进程；从某种程度上来说，它们邀请参观者 / 使用者来触摸制作者的双手。门把手就是这样一种任何建筑都具有的细部，这类细部与人体工程学联系密切，而且正是这一居间之物提供了居住者之手和建筑师之手之间近乎身体性的接触。门把手是与建筑的握手，当一个人用身体的重量推开一扇门时，也是与这个建筑结构最亲密的相遇。

真正的建筑品质表现在体验中那种丰满感和无可置疑的尊严感，那是一种空间和其体验者的共鸣与交互；我将自己置于空间之中，空间也居于我之中。这就是沃尔特·本雅明发现的艺术作品的“灵晕”。[24]

注释

1 亨利·马蒂斯，“肖像画”（1954 年），见于杰克·D·弗拉姆（Jack D Flam）（编辑）的《艺术大师》（*Master On Art*），EP Dutton（纽约），1978，第 152 页。
2 引自丁·艾伦·霍布森（J Allan Hobson）《作梦的大脑》（*The Dreaming Brain*）Basic Books（纽约），1988，第 95–97 页。重新发表于 William Irwin Thompson 的 An introduction to “What Am I Doing in Österfärnebo?” by Cornelia Hesse-Honegger，Cornelia Hesse-Honegger，*After Chernobyl,* Verlag Hans Müller（Baden），1992 年，第 16 页。
3 约翰·伯格，《伯格论绘画》（Jim Savage 编辑），Occasional 出版社（Aghabullogue, County Cork），2007，第 3 页。
4 同上，第 112 页。
5 亨利·马蒂斯，《用孩子的眼光看待生活》（*Looking at life with the eyes of a child*）（1953），in Flam（ed），马蒂斯的艺术，参见前面引用的书，第 149 页。
6 伯格，Berger on Drawing，参见前面引用的书，第 71 页。
7 同上，第 16 页。
8 查尔斯·汤姆林森（Charles Tomlinson），“作为画家的诗人”（The poet as painter），来自 JD McClatchy 编辑，《诗人论画家》（*Poets on Painters*）一书，加利福尼亚大学出版（伯克利、洛杉矶和伦敦），1990，第 280 页。
9 伯格，Berger on Drawing，参见前面引用的书，第 14 页。
10 这位雕塑家的朋友亨利·皮耶·罗歇（Henri-Pierre Roché）记述道：“它被展出……装在有两个袖口的包里，人们的手可以伸进去。” Eric Shanes，《康斯坦丁·布朗库西》，Abbeville 出版（纽约），1989，第 74 页。
11 Richard Lacayo，“激进的复古”（Radically retro），*Time*，172 卷，No 6，2008 年，第 47 页。
12 安东·艾仁兹维格，《艺术视听的精神分析》（*The Psycho-Analysis of Artistic Vision and Hearing: An Introduction to a Theory of Unconscious Perception*）（首次出版在 1953 年），Sheldon Press（伦敦），第三版，1975 年。
13 安东·艾仁兹维格，《艺术的隐秘秩序》（*The Hidden Order of Art*）（首次出版在 1967 年），Paledin（St Albans, Hertfordshire），1973 年。
14 艾仁兹维格，《艺术视听的精神分析》，见上文所引该作者之著作，第 Ⅲ 页。
15 艾仁兹维格，《艺术的隐秘秩序》，见上文所引该作者之著作，第 58 页。
16 见上文所引该作者之著作，第 57 页。
17 见上文所引该作者之著作，第 66 页。
18 引自戴维·米歇尔·勒文（David Michael Levin）编辑，《现代性与视觉的霸权》（*Modernity and the Hegemony of Vision*），加利福尼亚州大学出版（伯克利和洛杉矶），1993 年，第 14 页。
19 肯特 C·布隆迈尔和查尔斯·穆尔，《身体，记忆和建筑》，耶鲁大学出版社（纽黑文和伦敦），1977 年，第 44 页。
20 阿斯利·蒙塔图，《触摸：人类皮肤的重要性》，Harper& Row（纽约），1971 年，第 3 页。
21 马塞尔·普鲁斯特，《追忆似水年华》（*In Search of Lost Time: Swann's Way*），CK Scott Moncrieff 和 Terence Kilmartin），Random House（伦敦），1992 年，第 4–5 页。
22 伯纳德·贝伦森，《美学与历史》（*Aesthetics and History*），Pantheon 出版社（纽约），1948 年，第 66–70 页。有些令人吃惊的是，梅洛 - 庞蒂强烈反对贝伦森的观点：“贝伦森谈到触觉价值的召唤，他实在是大错特错：绘画不能唤起任何事情，最不能唤起的就是触觉。绘画能做的事截然不同，几乎是相反的；幸亏有它，我们不需要一种‘肌肉感觉’来掌握世界的庞大……眼睛生活在这肌理中，正如一个人生活在他的房子里。”（梅洛 - 庞蒂，“眼与心”，知觉的首要性，西北大学出版社，埃文斯顿，伊利诺伊州），1964 年，第 166 页。只有假设梅洛 - 庞蒂批判的是一种居间的或次要的感觉，而非承认所有感官同样真实，我才能理解和认同上述这位哲学家的思想。在体验了马蒂斯或伯纳德性感画作中那湿润空气的温度和无忧无虑的生活后，一个人定会欣赏杰作传达出的那种多重感觉的真实感。

23 引自 Scott Poole, *Pumping up: Digital Steroids and the Design Studio*。未出版手稿，2005 年。

24 “一件艺术作品的灵晕来自它的传统影响：它将艺术作品呈现为在场或不在场，在此或在彼被表达，但是永远遥远，而且在别处。” Howard Caygill，“本雅明、海德格尔以及传统的毁灭”，见于 Andrew Benjamin 和 Peter Osborne 编辑的《沃尔特·本雅明哲学：毁灭和体验》(*Walter Benjamin's Philosophy: Destruction and Experience*)，Routledge（伦敦和纽约），1994 年，第 23 页。

Domenico Ghirlandaio 多梅尼科 · 吉兰达约
Kertomuksia Kastajasta Enkeli ilmestyy Sakariakselle《施洗者约翰的故事：天使向撒迦利亚显现》
Tornabuoni-kappeli 托纳波尼小圣堂，1485
壁画的绘制起始于 1485 年
Detail 细节

(Source: Domenico Ghirlandaio, Scala, Firentze, 1990)
（来源：多梅尼科 · 吉兰达约，斯卡拉，佛罗伦萨，1990 年）

第5章 具身的思考

“罗丹（Rodin）的手是他主要的工具，他通过双手敲落、击打、凿除和打磨，让曲线和直线变得波动起伏，让肩膀潮水般涌入躯干中，让这躯干从石块中浮现（甚至在当它还没有成形的时候），让手肘凸显自己的存在，他的手指在每一处忙于抚育生命的迹象，给予石膏力量和意志，赋予石块灵性和精神。”

——威廉·H·加斯（William H. Gass）[1]

19

创造性的融合

建筑中富有创造性的洞见鲜为即刻的智识发现，能在片刻时间完整、终极地解决如何揭示一个复杂实体的问题；它也并非一种逻辑演绎的线性过程。大多数情况下这一过程始于已有些许发展的初始想法，但是很快这些观念横生枝节，形成了新的路径，这种纵横交错的轨道模式通过这一过程本身，生长得越来越密集。设计是来回于数百个想法之间的一种过程，设计师重复琢磨其中部分的方案和细节，以逐渐揭示并融合出一个完整的、可应对上千种要求与条件的呈现，也加上建筑师对于协调性和和谐的个人理想，最终形成一个完整的建筑或艺术实体。一个建筑项目不仅是一次解决问题过程的结果，同样也是一个形而上学的命题，来表达创作者的精神世界和他 / 她对人类生活世界的理解。设计过程同时审视着内心与外部的世界，并将这两重宇宙纠缠在一起。

建筑师通常需要舍弃关于主题的初始想法和第一阐释，重新开始整个设计过程。这是一项在不确定的模糊与黑暗中的探索，建筑师通过探索本身的辛劳过程而渐渐获得某种主观确定性。这个研究过程也是一场具身的触觉旅行，由双手和身体的感觉来引导，就如同一种视觉和智识的事业。一项建筑任务不是简单的、有待解决的逻辑或理性问题。在建筑设计中，建筑师需要确定并具体化合适的目标与手段。除了解决理性问题及满足功能、技术和其他需求外，拥有深厚底蕴的建筑总能够唤醒不可预测的人性、体验与存在的价值。每一个真正的建筑作品将人类重新安置于世界，并在人类存在的谜团上洒下新的光辉。每一个严肃对待的建筑任务也需要一种独特的针对情境、客户以及建筑未来使用的理想化。建筑需要去创造一个更美好的世界，而这一理想中人类维度的投射需要存在主义的智慧，而非专业技能和经验。事实上，一个设计任务是一场存在的探索，这其中建筑师的专业知识、生活体验、道德与美学感受力、大脑与身体、眼与手以及他/她完整的人格与存在智慧（existential wisdom）最终融合在一起。

20

思考的工作：不确定的价值

创造性思考也是“工作”——用“劳作”这个词更确切，创造性思考并不只是突然冒出、不费吹灰之力的灵光乍现。这样的奇迹也许只会发生在某个真正的天才身上，不过即便在这种情况下，天才也要以自己的方式努力工作达到这一临界点。工作通常是又苦又累而且麻烦的事。在我酝酿一个想法时，我个人很喜欢看见自己的工作轨迹、瑕疵和污点，擦去的线条、错误和败笔的层层叠加，画面上来回勾画的痕迹，还有我书写在页面上的修改、填补和涂抹的拼贴。这些痕迹帮助我感受到工作的连续性及目的性，使我身居这项工作里，去攫取这项任务的多样性和可塑性，正如它所是那般。这些痕迹同样帮助我在足够长的过程中始终保持一种不确定、踌躇和不能决断的思维状态。过早产生确定、满足和已成定局之感是灾难性的，绘图本身的迟疑可以表达并保持我自身内在的不确定性。最重要的是，不确定感能保持和激发好奇心。只要保证不确定性没能上升到绝望和沮丧的地步，它就是创造过程中的驱动力和动机来源。设计总是一种预先对未知的寻求，或者是对未知领域的探索。设计过程本身、一双探索着的双手的行动，都需要去表达这一思维之旅的本质。

约瑟夫 · 布罗茨基（Joseph Brodsky）指出不安全感和不确切感在富有创造性的努力中所具有的价值。他对于何为诗人的任务有着敏锐的、伦理上毫不妥协的观点，这极大地教给了我如何去理解建筑师的使命。诗人坦白道“在从事写作时，一个人不断积累的不是专业技能，而是不确定性”[2]，我觉得一个真诚的建筑师最终同样也应该积累不确定性。布罗茨基将不确定性与一种谦恭的感觉相联系：“诗歌是不稳定感和不确定性的大本营……诗歌——不论是读它还是写它——会教育你谦恭，而且这一习得过程很快。尤其是当你一边读诗一边写诗的时候”[3]，这一洞见当然也可用在建筑上，当你既在做建筑又在研究建筑学时，真的会变得很谦恭。诗人进而强调，这种通常认为有害的精神状态事实上可以变成一种创造性的优势，“如果这（不安全感或不确定性）没有将你摧毁，那么不安全感和不确定性最终会成为你亲密的朋友，而且你几乎会觉得它们有一种独属于它们的智慧，”诗人如此建议。[4]

另一位诗人比利·科林斯（Billy Collins）这样解释他坚持用钢笔或铅笔书写，而不用键盘打字的原因：“我总是用钢笔或铅笔来写作，只是因为对我来说，键盘让每一件事看似好像已完成或被冻结了，而在纸面上写字给我一种流动感，即我所写的东西对于当下那个时刻而言是暂时的。而且我不知道也不想知道那首诗最终会去向哪里，直至我到达了那儿，我一直觉得我正在书写的诗正不断向某种对其自身的理解前进。”[5]

诗人的观点我很受用。无论是写作还是绘画，文字和图像都需要从一种预先设想的目的性、目标和途径中解放出来。当一个人年少、眼光短浅时，他会希望自己的文章和绘画能使预先设想的理念明确化，及时给予这理念一个精确的轮廓。当一个人越来越能够忍受不确定性、模糊、缺乏限定和准确性、暂时的不合逻辑以及开放的结果之后，这个人就会慢慢学习与自己的作品相协调的技巧，会让作品来提建议，允许作品自身产生出乎意料的转变和运动。思考的过程变成一系列等待、聆听、合作和对话的动作，而不仅仅是指示某一个想法。这项工作变成一段也许会驶向这个人从未到过的或从不知晓其存在的地域与大陆的旅程，直到他自己的双手和想象力，伴随着他踌躇和好奇的态度，引领他到达了那里。

在艺术中确定和含糊是一对固有矛盾。我相信艺术现象在到达甚至超越了它自足的存在之前，总是渴望挣脱确定性。简单地说，真正有创造性的融合，总是能比理论所预期的走得更远，而且有深度的设计总是存在诸多的惊喜，远远超过设计说明或是任何过程参与者的预期。

从我个人的角度来说，我要坦白一点，从骄傲自大的青年时期（那时当然会掩饰自己真正的不确定、狭隘的理解和短视）开始，我的不确定感就一直在增强，几乎到了无法忍受的地步。每个议题、每个疑问、每处细节都深深植根于人类存在的神秘之中，而好像根本就没有适合的答案或回应。基本上可以说随着年龄和阅历的增长，一个人会愈发变成一个业余人士，而不是变成像专家那样可以即刻就给出有把握的答案。一个成熟且成功的专业人士不会停止对这些问题的思考，比如说，地板、窗户和门到底是什么？但是，真的有人能告诉我这些建筑事件根本的、形而上的本质吗？或是它们在某个特定设计任务之外或开始前的人文意义？

21

抵抗、传统与自由

在建筑学院的工作室和建筑竞赛的评审团中经常能听到一个词语，那就是“自由”。这个词似乎描述了建筑项目的某种艺术独立性。我们通常把独立于传统与先例、结构或材料的限制和纯粹理性之外的特性，视为一种艺术的自由。然而莱昂纳多·达·芬奇（Leonardo da Vinci）已经教会我们“力量生于限制，死于自由”。[6]

这句话发人深省，的确，在任何时期，伟大的艺术家鲜少讨论自己作品中的自由维度。他们强调材料和艺术媒介中约束与限制的作用、文化与社会的情境以及他们个性与风格的塑造。一位艺术家的伟大源自对他/她自身领域和个人局限的认知，而并非一种含混的对自由的渴望。为了取代对自由的渴望，他们强调艺术形式中一种纪律性的、与传统密不可分的特性。在回忆录《我的生活和我的电影》（*My Life and My Film*）中，让·雷诺阿（Jean Renior）写到电影制作中“对技术的抵制”[7]，伊戈尔·斯特拉文斯基（Igor Stravinsky）则谈到“抵制材料与技术”[8]，并将其视为其作曲工作中重要的反作用力。斯特拉文斯基嘲讽任何对自由的渴望：“那些试图逃避从属关系的人毫无异议地支持着反传统的观念。他们反对约束并怀揣希望——这通常注定了失败——在自由的力量中找不到那种能力的奥秘。除了古怪、混乱的专断，他们找不到任何东西，丧失了所有的控制，他们误入迷途……。”[9]斯特拉文斯基是现代派音乐的主要人物，他有力地论述着艺术的力量和意义只能来自传统。在他的观念里，一位刻意寻找新奇的艺术家将会被他自身的渴望困住："的确，他的艺术变得独特，在这种意义上他的世界完全封闭了，而且不存在任何交流的可能。"[10] 这位作曲家将传统这一概念看作艺术如此核心的成分，这几乎可以用加泰罗尼亚哲学家欧亨尼奥·德·奥尔斯（Eugenio d'Ors's）谜一般的陈述做总结："一切脱离了传统的都是剽窃。"[11]

限制与约束在所有的艺术中同等重要。诗人保罗·瓦莱里（Paul Valéry）明确地写道："最伟大的自由诞生于最伟大的严格。"[12] 在吉奥吉·多奇（György Doczi）的著作《限制的力量》（*The Power of Limits*）一书中——研究了自然、艺术和建筑中比例的和谐，特别是这些现象中重复出现的黄金分割——他写道："在我们迷恋人类发明与成就的能力时，我们忽略了限制的力量。"[13] 在我们这个时代——似乎忽视了限制的重要性的时代，这是一种重要的智慧。

建筑学丢失了这一智慧，抗拒传统，一面向一种逐渐失去活力的统一性飘去，另一面则飘向一种表达的无根之混乱。每一种艺术形式都有自身的本体论（ontology），也有其表达的典型领域，限制恰好源自它的本质、内部结构和材料。从确凿无疑的建造现实中产生出建筑的表达是建筑艺术长久的传统。建筑的建构语言和建造本身的内部逻辑表达了重力与结构、材料的语言，亦表达了建造的过程和逐个单元与材料间结合的细节。在我看来，建筑来自识别和清晰阐述正在考量中的任务的现实，而并非来自个人幻想。奥利斯·布隆姆斯达特（Aulis Blomstedt）曾智慧地教导他在赫尔辛基理工大学的学生们："对于一个建筑师来说，想象生活情境的能力远比幻想空间的天赋重要。"[14]

22

通过感官来思考

所有重要的建筑都是严肃思考的结果——或者更准确地说，是一种以建筑为媒介的特殊思考的结果。同理，电影是电影的（cinematic）思索的形式，绘画是表达绘画的（painterly）理念的方法，雕塑是一种详尽阐述并传递雕塑的（sculptural）思考的途径，建筑是通过具身化（embodied）建造的物质行为来哲理地探究（philosophising）世界和人类存在的手段。建筑通过空间、结构、物质、重力和光线形成（当下）存在和活生生的隐喻（lived metaphors）。结果是，建筑不描绘或模仿哲学、文学、绘画或任何其他艺术形式的观念，它有其本身的思考方式。诸多艺术阐释的观念即绘画的、音乐的、电影的或建筑的思考，艺术家通过其固有的媒介，还有与传统辩证过程中形成的特定艺术形式的艺术逻辑，构思和表达这些观念。艺术观念没有必要概念化或转译为语词，因为它们是对世界以及我们存在于世的特定方式的具身化隐喻（embodied metaphors）。建筑只要超越了纯粹的功能、技术及理性范畴，就同样是一种艺术表达，并转变成对身处的世界（the lived world）和人的境况（the human condition）的隐喻表达。

一种人们普遍接受的观念是要完全消除艺术各门类之间的界限。对我个人来说，了解不同艺术之间本体的区别和承认它们的共通性、共同领域一样重要。每一种艺术形式自有它的根源和传统，而一旦一个学科的这种本体的支柱丢失，这种艺术形式就会变弱——艾兹拉·庞德（Ezra Pound）是一位重要的现代主义诗人（arch-modernist），至少我们相信他的证词，在他的《阅读入门》（*ABC of Reading*）一书中这样写道："音乐自从离舞蹈太远，就开始萎缩……诗歌自从离音乐太远，就开始萎缩……"[15]

在我看来，当建筑渐渐远离其驯服空间和时间的初衷，远离对世界万物有灵论的理解以及对建造行为的隐喻性表达时，它就开始变成类似纯粹的审美。每一种艺术形式都需要与其本体论的实质重新建立联系，尤其是当艺术形式趋向成为空洞的美学风格时。现代及当下的建筑作品——比如说斯格尔德·卢弗伦斯（Sigurd Lewerentz）、路易斯·康、阿尔多·凡·艾克（Aldo van Eyck）和彼得·卒姆托（Peter Zumthor）的作品——如果能够回应本源的震颤（echo the tremors of origins），便能投射出威严的光辉和情感的深度。这样的作品造成深刻、令人不安的感情冲击，它们展现问题而不是给出既定的答案，这种情况下它们不需要纯美学的抛光。弗兰克·劳埃德·赖特（Frank Lloyd Wright）在宾夕法尼亚熊跑溪（Mill Run）的流水别墅（Fallingwater，1934—1937年）或者其他任何一个建筑杰作中为人类的存在开启了一个新的视野，而不是给出某个问题的答案。

路易斯·康布道一般宣讲开始的重要性："对万物来说，任何时候任何事物始发的精神都是最不可思议的时刻。因为在开始中蕴含着万物都必将追随的种子。一件事情需包含所有能从中生发出的东西，否则就无法开始。那就是一个开始的特点，不然它就不是开始——它是错误的开始。"[16]

从根本上来说，我们整个的身体构造和感官都在"思考"着识别和处理我们在世界上处境的信息，并传达知觉的行为回应。在心理生物学家亨利·普洛金（Henry Plotkin）看来，知识远不止是有意识地认知的文字或事实："知识是一个有机体承担与世界联系时的所有状态。"[17]舞蹈家和足球运动员用他们的身体和腿来“思考”——手艺人和雕刻家用他们的双手，作曲家用他们的耳朵。事实上，我们的整个身体以及存在的感觉都参与了整个思考的过程。“舞者的耳朵在足尖，”尼采如是说。[18]

在他的论文《什么召唤思考?》(*What calls for thinking?*) 中，海德格尔 (Martin Heidegger) 将思考与小木作的技艺联系起来。哲学家给予思考过程中手的角色重要的地位，并将手与说话的能力联系了起来，本书此前的章节中已经讨论了这个话题。

> “也许思考就像打一个柜子。无论如何，它（思考）是一个工艺，一个‘手工艺’，因此与手有特殊的联系。通常看来，手是身体肌体的一部分。但是不能将手的本质仅仅定义或描述为一个能够抓取的器官。……手极不同于所有可以抓取的器官。……因为它存在更深的本质。只有会说话的造物，即会思考者才可能拥有双手，才能够灵巧地完成手工艺的作品。”[19]

艺术的思考不单纯是理念或逻辑的推论，它意味着一种存在的理解 (an existential understanding) 以及融合了知觉、记忆和欲望的生活体验的综合。知觉将记忆融合进知觉的实际对象，结果，就连最普通的知觉也是比较和评价的复杂过程。

23

具身的记忆与思考

梅洛－庞蒂（Merleau-Ponty）将整个身体包含至具身思考的过程中，扩展了这个理念，正如他所论述的："画家'将他的身体带在身边'（说的是保罗·瓦莱里）。确实，我们无法想象大脑如何绘画。"[20] 当然同样不可想象的是大脑能够构想建筑，因为身体在建筑的构成中有着不可替代的角色。建筑物并非抽象的、无意义的建造或美学的构成，它们是我们的身体、记忆、身份和头脑的延伸及庇护所。因此，建筑孕育于存在主义的真实的相遇、体验、记忆和渴望。

如果脱离了人类的具身（embodied）背景，最抽象的工作将会变得毫无意义。甚至正是抽象艺术清晰地表达了"世界的肉身"（flesh of the world）[21]，而我们用自己的身体分享着这一肉身以及这个世界有重力的现实。"大脑不仅仅是具身（embodied）的，它是如此一种具身的方式，以至于我们的概念系统主要建立在身体的共性和我们生活的环境中，"正如《肉身中的哲学》（*Philosophy in the Flesh*）的作者所言。[22] 我们是这个世界，连带它物质的现实和精神的秘密的占有者，而并非置身事外的观察者，抑或这个世界的理论家。

身体也是我们记忆系统的一部分。哲学家爱德华·S·卡西（Edward S. Casey）写过有关地方、记忆和想象的重要现象学研究，他指出了在记忆行为中身体所扮演的角色："身体记忆是……任何记忆的感性描述的天然中心。”[23] 在另一上下文中他进一步细述了他的观念：“如果没有身体记忆，就不会有记忆……，说到这一点的时候，我的意思不是说我们每次回忆时实际上是直接进入身体记忆中，……而是说如果没有身体记忆的能力，我们就无法回忆。”[24] 此外，近期的一些哲学研究，例如马可·琼森（Mark Johnson）的《大脑中的身体》（*The Body in the Mind*），以及琼森和乔治·莱考夫（Johnson and George Lakoff）所著的《肉身哲学》（*Philosophy in the Flesh*），着重论述了思考本身的具身（embodied）本质。[25]

在我自己超过 40 年与画家、雕塑家和手工艺人合作的过程中，我已经学会欣赏他们抓住事物本质的能力，他们通过双手和身体，也通过他们非概念化的、存在的（existential）理解，而非智性和语言进行分析。他们依赖于身体和手的静默智慧。我也有机会观察到手和身体产生出完全不同于大脑的理念。后者倾向于概念化、理性化以及几何化，而前者通常表现出自发性、感官性和可触知性（tactility）。双手自动录入与测量了鲜活现实的脉搏。

同样，在传统社会中，一种具身的（embodied）学习和掌握技能的方法，以及对生活各种状态的回应是知识的主导模式。学习技能这件事首先是一种通过实践习得的具体的肌肉模仿，这通过概念或语言指导是无法习得的。我自己能够回忆起童年在我祖父农场里鲜少交谈；每日的生活和工作发生在农场生活的“肉身”中（in the flesh），每一个人都知道他 / 她在家族中的位置以及日常工作的循环，每个人学习并记忆无数实际操作的技能，还有生活和工作本身具身化的范式。我无法想起任何人曾经问过别人他 / 她能否做某件特定的事；人们天然地假设，每个人都能做日常农场生活任务所要求的每一件事。农民的知识由关键的具体技能组成，它们被编码进四季与年岁的循环中，以及日常生活的具体情境中，而并非录入书本和笔记。

24

存在的知识

我们文化中的流行观点从根本上区分了科学和艺术世界。对科学的理解是，它代表了常态、理性和客观的知识领域，而艺术则代表了主观、情感和本质上非理性的感觉世界。人们认为前者具有工具和实操的价值，而后者则是一种独特的文化娱乐形式。

1990 年，在一次关于新物理学的复杂性和神秘性的访谈中，由于发现电磁与弱核力之间的关系而获 1979 年诺贝尔物理学奖的斯蒂芬 · 温伯格（Steven Weinberg）被问道："您会向谁问与生活的复杂性有关的问题？莎士比亚还是爱因斯坦？"物理学家立即回答："哦，至于生活的复杂性，毫无疑问——是莎士比亚。"采访者继续发问："您会向爱因斯坦询求简单性吗？""会，关于事物为什么是它们所是的样子——而不是人们为什么是他们所是的样子，因为那是一长串推理的终点……"[26]

艺术表达了我们存在的本质体验，但是正如在前几章节中指出的那样，它同样代表了特殊的思考方式。对世界的反应和对信息的处理是直接发生的，这是一种具身的、感觉的活动，还没有转变成概念，甚至还没有进入意识的领域。

很明显，我们需要重新思考建筑体验最根本的一些东西，然后在实践中依仗这些思考。为了平衡建筑思考对视觉的偏好，我们需要对用强调理性的、逻辑的方法进入建筑保持批判性。一个智慧且成熟的建筑师与他 / 她的整个身体和对自我的意识一同工作。当处理一栋建筑或一个物体时，建筑师同时进入相反的两种视角之中，他/她与世界相关联的自我形象和他/她的存在的知识（existential knowledge）。除了可操作的、工具性的知识（operative and instrumental knowledge）与技能之外，设计师和艺术家也需要通过亲身的生活体验形成存在的知识。存在的知识从个人体验和表达他/她存在的方式中得来，而且这种知识提供了伦理判断最重要的背景。在设计工作中，这两个知识领域互相融合，其结果是，建筑物既是一个有功用的理性物体，同时也是一种艺术的/存在的隐喻（artistic/existential metaphor）。

所有的职业和训练在不同程度和组成上都包含着这两类知识。一门技艺中工具性的方面可以理论化，被研究、教授并且非常理性地融入实践，然而其存在的（existential）方面则是与个人的自我认识、生活体验、伦理感以及个人使命感紧密结合在一起的。虽然不是完全不可能，但这类存在的智慧却很难教授。然而，它是创造性工作不可或缺的条件。认识到在很多国家其实没有任何正式培养诗人和小说家的学院教育，这一点的确令人深思；诗人和小说家的作品是如此强烈地建立在存在的知识（existential knowledge）之上，乃至他们不需要有明确教学方法的正规化教育就能生发与成长。

在教育中，对存在的智慧（existential wisdom）的教授主要贯穿在一个人个性成长的过程中，老师的个人品质和个性通常会影响学生的自我认识。这种生活智慧是一种经验的缓慢积累，一种个性的逐渐成熟，以及责任和抱负的内化——我想再一次用“具身化”这个词。说到抱负，我不是指社会期许的志向或目标，而是一个人内心对于责任和荣誉的感觉，和他超越自己原本的技艺和知识局限的愿望。

海德格尔认为教比学更难：“教比学更难……并不是因为教师应具有更多的知识积累，并得做到有问必答。教比学难是因为，教意味着让人去学。真正的老师让人学习的东西只是学习。”[27] 教的困难尤其在于教授存在的智慧（existential wisdom）这项任务。

对于书写一行韵文所要求的存在的知识，赖内·马利亚·里尔克（Rainer Maria Rilke）给出了一种感人而诗意的形容：

> “因为诗并不如人们想象的一般，仅仅是情感……诗是诸多经验。为了一首诗，一个人要看许多城市、许多人、许多事物，他必须认识动物，必须去感觉鸟怎样飞翔，知道小花在早晨开放时的姿态。……即便有了许多记忆，还不够。一个人要能忘记他经验的很多事物，还要有巨大的耐心等待它们再次涌现。因为记忆本身还未满足条件。直到经验成为我们体内的血，去看视、做出手势，没有了名字，并与我们自身毫无分别——至此，诗才会发生，在一个极特殊的时刻，一首诗的第一个字从这些经验中形成，并由它们之中展开成诗。”[28]

由这位历史上最好的诗人列出的写下一行诗需要具备的条件，确实应当让每一个想成为诗人、艺术家或建筑师的人心怀谦恭。

注释

1 威廉·H·加斯，里尔克的罗丹“Rilke's Rodin”，赖内·马利亚·里尔克的介绍（Introduction to Rainer Maria Rilke），《奥古斯特·罗丹》（*Auguste Rodin*），群岛图书（纽约），2004年，第11页。

2 约瑟夫·布罗茨基，“小于一”，约瑟夫·布罗茨基，《小于一》，Farrar, Straus & Groux（纽约），1997年，第17页。

3 约瑟夫·布罗茨基，“悼斯蒂芬·斯彭德”（In memory of Stephen Spender），《悲伤与理智》，Farrar, Straus & Groux（纽约），1997年，第473-474页。

4 见上文所引该作者之著作，第473页。

5 比利·科林斯访谈，“Jazzmouth”festival bulletin，朴茨茅斯，2008年。我注意到这个访谈是建筑师格伦·默克特的影响，他与我关于手的重要性有一致的看法。

6 引自伊戈尔·斯特拉文斯基（Igor Stravinsky），《音乐的诗歌》[*Musiikin poetiikka*（*The Poetics of Music*）]，Otava Publishing Company（赫尔辛基），1968年，第75页（尤哈尼·帕拉斯玛译）。

7 让·雷诺阿，《我的生活和我的电影》[*Elämäni ja elokuvani*（*My Life and My Film*）]，Love-Kirjat（赫尔辛基），1974年，尤哈尼·帕拉斯玛译。

8 斯特拉文斯基，Musiikin poetiikka，参见前面引用的书，第66-67页。

9 同上，第75页。

10 同上，第72页。

11 同上，第59页。这句话来自西班牙加泰罗尼亚哲学家欧亨尼奥·德·奥尔斯（Eugenio d'Ors's），但斯特拉文斯没有指明其来源。路易斯·布努埃尔（Luis Buñuel）也在他的回忆录中引用过此话，《我最后的叹息》（*My Last Sign*），Vintage Books（纽约），1983年，第69-70页。

12 保罗·瓦莱里（Paul Valéry），“帕里诺斯，或那位建筑师”（Eupalinos，or the Architect），来自《保罗·瓦莱里对话》，Pantheon Books（纽约），1956年，第131页。

13 吉奥吉·多奇（György Doczi），“前言”，《限制的能量》（*The Power of Limits*），Shambala出版（Boulder，科罗拉多和伦敦），1981年，页数不明。

14 1964—1966年，布隆姆斯达特在赫尔辛基理工大学的讲课中曾以各种各样的方式来表达这个道理。

15 艾兹拉·庞德，《阅读入门》（*ABC of Reading*），New Directions（纽约），1987年，第14页。

16 路易斯·I·康，“建筑的新界限：CIAM in Otterlo, 1959”，见于《路易斯·I·康：论文、演讲和访谈》（Alessandra Latour 编辑），Rizzoli国际出版社（纽约），1991年，第85页。

17 引自弗兰克·威尔逊，《手的奥秘：它是怎样来形成大脑的、语言以及人类文化的》，（*The Hand: How Its Use Shapes the Brain, Language, and Human Culture*），Pantheon出版社（纽约），1998年，第51页。

18 弗里德里希·威廉·尼采，《查拉图斯特拉如是说》，Viking出版社，（纽约），1956年，第224页。

19 海德格尔《什么召唤思?》，《基本著作集》（*Basic Writing*），Harper—Row（纽约），1977年，第357页。

20 莫里斯·梅洛－庞蒂，《知觉的首要地位》（*The Primacy of Perception*），西北大学出版（埃文斯顿，伊利诺伊），1964年，第162页。

21 梅洛－庞蒂在他的论文“互绕－交织”（The intertwining—the chiasm）中描述了“肉身”（the flesh）的概念[来自Claude Lefort（ed），《可见的与不可见的》（*The visible and the Invisible*），西北大学出版（埃文斯顿，伊利诺伊），1969年]：“我的身体是由和世界相同的肉身组成……此外……我的这一肉身被世界共享……”（第248页）；而且，“（世界或我自己的）肉身是……一种回归自身且遵从自身的肌理”（第146页）。“肉身”这一概念来自梅洛－庞蒂世界与自我交织的辩证原理。他也论及过“肉身的本体论”（ontology of the flesh），作为他感知现象学的最终结论。这一本体论暗示了意义既存在于内也存在于外，既主观又客观，既精神又物质。见理查德·卡尼

（Richard Kearney），“莫里斯 · 梅洛 – 庞蒂”，《欧洲哲学的现代运动》，曼彻斯特大学出版（曼彻斯特和纽约），1994 年，第 73–90 页。

22 乔治 · 莱考夫（George Lakoff）和马可 · 约翰逊（Mark Johnson），《肉身哲学：具身的大脑以及它对西方思想的挑战》（*Philosophy in the Flesh: The Embodied Mind and Its Challenge to Western Thought*），基本图书（Basic Books）（纽约），1999 年，第 6 页。

23 爱德华 · S · 卡西（Edward S Casey），《记忆：一种现象学研究》，印第安纳大学出版（布鲁明顿和印第安纳波利斯），2000 年，第 148 页。

24 同上，第 172 页。

25 马可 · 约翰逊（Mark Johnson），《大脑中的身体：身体基础的意义、想象和理性》（*The Body in the Mind: Bodily Basis of Meaning, Imagination and Reason*），芝加哥大学出版（芝加哥、伊利诺伊和伦敦），1987 年，以及乔治 · 莱考夫（George Lakoff）和马可 · 约翰逊（Mark Johnson），《肉身哲学》，参见前面引用的书。

26 见于《时代》杂志的一篇访谈，1990 年，来源无法提供更多细节。

27 海德格尔，《什么召唤思?》，《基本著作集》（*Basic Writing*），Harper—Row（纽约），1977 年，第 356 页。

28 赖内 · 马利亚 · 里尔克，《马尔特 · 劳里茨 · 布里格手记》（MD Herter Norter 翻译），WW Norton&Co（纽约和伦敦），1992 年，第 26–27 页。

Diego Velásquez 迭戈 · 委拉斯开兹，Vanha keittäjätär《烹蛋的老妇人》，1618 年
National Gallery of Scotland 苏格兰国家美术馆
Detail 细节

(Source: Velásquez, Fratelli Fabbri Editori, 1976)
（来源：委拉斯开兹，Fratelli Fabbri Editori，1976 年）

第6章 身体、自我与大脑

“坐着时，他的眼睛比他当时能够记录的看得更远。他没有忘记其中的任何部分，真正的创作通常在模特离开后开始，从他记忆丰富的储藏中抽出。他的记忆宽而广阔，印象在记忆中没有改变，但与它们周围的环境相适应，当这些印象进入他的双手，就好像它们全然地成为这些手的自然姿势。”

——赖内·马利亚·里尔克（Rainer Maria Rilke）[1]

25

作为场所的身体

强大的认知和投射发生在一项创造性的工作中；创作者的整个身体与精神构造成为工作发生的场所。即便是哲学家路德维希·维特根斯坦（Ludwig Wittgenstein），他的哲学已脱离了身体图像（body imagery），他承认不论哲学的还是建筑的工作都与自我的图像相互作用："从事哲学工作——在很多方面像做建筑工作一样——是一种塑造自我的工作。塑造一个人自己的观念。塑造一个人如何看待事物（以及一个人从中期待什么）。"[2]

相类似地，建筑师与艺术家直接关注他们对自我的感觉，而并非智性地执着于一个外部和客观的问题。一位伟大的音乐家弹奏着自己，而非他/她的乐器，同样，一位技艺精湛的足球球员调动着自我的实体和那内化、具身化了的球场。当理查德·朗（Richard Lang）评论梅洛－庞蒂有关足球运动员技术的观点时写道："足球运动员领会目标在哪里，不是知道而是凭借全身心的投入，不是大脑栖居于球场，而是球场栖居于运动员某种'会意的身体'（knowing body）中。"[3]这项工作与一个人的身心产生共鸣、融为一体，我成为我的工作。或许我没法理性分析得知设计或写作过程中我的工作出了什么差错，但我的身体感受到些许不安、扭曲、不对称、疼痛以及一种奇怪的不完整和羞辱之感，身体知道出错了。我知道只有当我的身体感到放松和平衡的时候，我才获得了一种良好的工作状态，身体给予了它认可的信号，羞愧感变为一种平和与满足的感觉。

26

世界和自我

在创造性的工作发生时，它要求人同时聚焦于两点——世界和自我。作为这双重聚焦的结果，每一个伟大的作品本质上都是同时表达世界和潜意识中自我形象的微观宇宙。乔尔赫·路易斯·博尔赫斯（Jorge Luis Borges）对于这种双重观点有一番令人难忘的表述：“一个人为自己设下为世界画像的任务，多少年来，他在一块给定的平面上画满乡间和王国、高山、海湾、船只、岛屿、鱼儿、房间、乐器、天体、马匹还有人的图像。就在临死前他发现这些细致描绘的线条迷宫正是他自己的面容。”[4]

不管是作为建筑师还是使用者，我们目前对于建筑的理解，都倾向于将我们自己关闭在世界和建筑现象本身之外，变成纯粹的观察者。然而，在一次艺术的与建筑的体验中得以开启和清晰表达的，正是自我与世界的这条边界。它亦是我自己与其他人之间的界限。正如萨曼·拉什代（Salman Rushdie）在纪念赫伯特·里德（Herbert Read）的文章中阐述的那样（在本书的介绍部分已引用过）：“文学产生于自我和世界的边界，在创作的过程中这道边界被软化，变得可穿透并允许世界流入艺术家，而艺术家也流入世界。”[5]

建筑当然也同样在这条存在的边界线上被构思和体验，而这种空间与观者/听者/居住者个人感觉的融合若不存在，就没有艺术或建筑的体验。当提出建筑师或艺术家的自我感觉是工作的重要焦点之时，我并非在暗示设计或制作艺术的过程中某种自我陶醉的元素。简单来说，所有的理念都必须通过设计者/艺术家自己的想象力、身体的智慧以及移情的能力得以检验；除此之外别无其他权威或检验场。艺术家是其作品唯一的权威，只有软弱的艺术家才会追求外在的认同。只有肤浅的艺术家才会寻求赞誉，因为当一个人面对自身存在的边界时，是不需要外界或社会认同的。

除此之外，比如说，当设计一栋房屋时，建筑师不能作为“置身事外”的参与者，在头脑中为他人做设计。建筑师需要将自己化为业主、他人，然后为这另一个自我设计。我出借自己的身体、双手和思想，为别人提供服务，仿佛我作为建筑师，成为一座房屋诞生的代孕母亲。就在过程的最后，产品被交予他人——业主和使用者。如果没有深度地亲身内化和认同（personal internalization and identification）业主/居住者/使用者，建筑师只是解决了设计说明的清晰要求，并满足了他人明确的意图和愿望。这样说来，一所深奥的房子总是一幅双重画像，是业主（或某个特定的文化条件）的画像，同时也是建筑师的画像。一座深奥的建筑本质上来说都是一件礼物。

某种程度上，建筑师与业主的关系具有某种对抗性。当设计师将自己化身为业主而工作的时候，他不是直接去考虑业主的要求、态度或偏爱。南非诺贝尔文学奖得主约翰·马克斯韦尔·库切（JM Goetzee）提出：“为读者思考对作家来说是个致命的错误。”[6] 安伯托·艾柯（Umberto Eco）在小说《玫瑰之名》（The Name of the Rose）的补笔中，有着相似的见解，他指出有两种作家：第一种写他认为读者愿意读到的东西，然而第二种能在写作时创造出理想的读者。在艾柯看来，第一种作家仅有生产报摊文学的能力，而第二种作家能够写出恒久触动和提升人类灵魂的作品。[7]

我不接受建筑学中的自我陶醉和自我中心主义；但是，在我看来，建筑师在设计过程中应该创造出他/她的理想客户。有意义的建筑是为一位“更有荣光的”（glorified）客户构思的，而它追求一个理想的世界，一种至少比当下现实更有教养、具人性、体谅他人的生活形式。这就是为什么深奥的建筑往往能超越给定的条件，而能够获得比有意识的委托要求的更多的东西。这是建筑真正的政治性所在。

27

世界与大脑

莫里斯·梅洛－庞蒂写道："除了表达与世界的相遇，画家或诗人还能表达什么?"[8]他的写作分析了感官、大脑与世界的交织，为我们理解艺术的意图和影响提供了富有启发性的背景。

艺术与建筑结构化并清晰描述了我们在世之在（be-in-the-world）的体验。一件艺术作品不是调解关于世界客观状态的在概念中结构化的知识，而是尽其所能提供一番强烈的经验的与存在的相遇（experiential and existential encounter）。艺术无需给出某个关于世界或其状态的准确命题，而是将我们的视线引导至对自我和对世界的感知交界的表面。芬兰画家尤哈那·布隆姆斯达特（Juhana Blomstedt）所写的，回应了梅洛－庞蒂的论述："令人困惑的是，当艺术家捕捉周围环境以及他所观察到的（事物），并赋予这些感知以形状时，事实上艺术家们除了说出这个世界和他们自身相触碰以外，没有再说什么关于这个世界或他自己的事了。"[9]就像一个孩童擦划一扇被冰霜覆盖的窗户表面一样带着同样的惊奇感，艺术家触摸到他的世界的皮肤。

一件艺术作品不是等待翻译或解说的智力谜语。它是图像、体验和情感的综合体，直接进入我们的意识。它对我们的思维产生影响先于我们理解它，抑或压根无须经过理性的理解。在他/她一遍又一遍找寻与这个世界一次纯真的再相遇中，艺术家找到了文字、概念和理性解释背后的一条道路。理性的构建对于艺术的探索作用甚微，因为艺术家必须反复地、一次又一次地重新发现他自身存在的界限。

艺术家的探索关注于鲜活的、经验的本质，而这个目标决定了他/她的途径和方法。如让-保罗·萨特所说："本质和事实是不能比较的，而任何以事实为起点追问的人永远到达不了本质……理解并非从人的实在之外抵达它，理解是人的实在的特殊存在方式。"[10]一切艺术作品都紧密结合我们自身存在的经验以接近这种自然模式的理解。

28

艺术中存在的空间

我们并不像一般的、幼稚的现实主义者所认为的那样，活在一个充满物质与事实的客观世界。人类独特的存在方式发生在充满诸多可能的世界中，而我们幻想与想象的能力塑造了这些世界。我们生活在意识的世界（worlds of the mind），其中物质与精神，以及体验、记忆和想象相互间完全融合在一起。结果是，鲜活的现实并不遵照物理科学所定义的空间和时间法则。事实上，我们可以说，若以西方实证科学为标准，这个鲜活的世界从根本上说是“不科学的”（unscientific）。就其涣漫的特征而言，这个鲜活的世界更接近梦的领域，而不是科学描述。为了区分这种鲜活的空间与物理和几何空间，我们可以称之为鲜活的或存在的空间（lived, or existential space）。存在的空间架构在个人或群体反映于这个空间的意义和价值之上，不论个人或群体是有意识的还是无意识的；存在的空间是一种特殊的经历，它通过个人的记忆和体验得到阐释。另一方面，群体甚至国家都共享某些存在的空间的特质，这些特质组成他们的集体认同感和归属感。经验的、鲜活的空间（The experiential lived space），而非物理的或数学的空间，是创作和体验艺术与建筑的对象与背景。建筑的任务是“让这个世界如何触摸我们变得可见”，就像莫里斯·梅洛－庞蒂描述塞尚的画所说的那样。[11] 与哲学家一样，我们生活在“这个世界的肉身中”（the flesh of the world）[12]，建筑架构并明确表达的正是这存在的肉身，给予它特殊的含义。建筑在世界的肉身中驯服和教化（domesticate）了空间与时间，给人类以栖居所。它用其特定的方式为人类的存在构建框架，并定义基本的理解它的视域。从最宽泛和通用的意义来讲，建筑通过给予世界一种人性的尺度和人文的意义，为这个世界“赋予人性”（humanise）。建筑让没有灵魂的物理世界变成人类的家。从根本上，我们通过我们的城市和建筑、我们构造的世界，人性的（human）——用建筑方法赋予人性的（architecturally humanised）——小宇宙，来记住我们是谁、我们身处何处。

注释

1 赖内·马利亚·里尔克，《奥古斯特·罗丹》，Daniel Slager 译，群岛图书（Archipelago Books）（纽约），2004 年，第 57 页。

2 路德维希·维特根斯坦，《文化与价值》（*Culture and Value*），GH von Wright 与 Heikki Nyman 合作编辑，布莱克威尔出版（Blackwell Publishing）（牛津），1998，第 24 e 页。

3 理查德·朗（Richard Lang），"住所的门：朝向一种转换的现象学"（The dwelling door: towards a phenomenology of transition），来自戴维·西蒙（David Seamon）和 Robert Mugerauer，《住宅、场所和环境》，哥伦比亚大学出版（纽约），1982 年，第 202 页。梅洛－庞蒂有关场地、足球和球员相互作用的观点被表达在莫里斯·梅洛－庞蒂，《行为的结构》（*The Structure of Behavior*），Beacon Press（波士顿，马萨诸塞州），1963 年，第 168 页。

4 博尔赫斯，《诗人》"The Maker" 的尾声，出自《博尔赫斯诗选》（Alexander Coleman 编辑）。

5 萨尔曼·拉什迪（Salman Rushdie），《不是所有的东西都神圣么?》（*Isn't anything sacred*?），Parnasso（赫尔辛基），1996 年，第 8 页（尤哈尼·帕拉斯玛译）。

6 J·M·库切，赫尔辛基新闻报访谈，1987 年夏，准确来源不得而知（尤哈尼·帕拉斯玛译）。

7 安伯托·艾柯，《超现实旅行》（*Travels in Hyperreality*），Werner Söderstróm（赫尔辛基）。1985 年，第 350 页（尤哈尼·帕拉斯玛译）。

8 引自理查德·卡尼（Richard Kearney），"莫里斯·梅洛－庞蒂"，来自理查德·卡尼，《欧洲哲学的现代运动》，曼彻斯特大学出版（曼彻斯特和纽约），1994 年，第 82 页。

9 尤哈那·布隆姆斯达特（Juhana Blomstedt），Muodon arvo，《形式的重要性》（*The Significance of Form*），Timo Valjakka 编辑，Painatuskeskus（赫尔辛基），1995 年，页数不明（尤哈尼·帕拉斯玛译）。

10 让－保罗·萨特，《情感：一种理论的概要》（*The Emotions: An Outline of a Theory*），Carol Publishing Co（纽约），1993 年，第 9 页。

11 梅洛－庞蒂，"塞尚的疑惑"，《意义与无意义》，西北大学出版社（埃文斯顿，伊利诺伊州），1964 年，第 19 页。

12 参见第 5 章，注释 21。

Raffaello 拉斐尔，Neitsyen vihkiminen
《圣母的婚礼》，1504 年
170 cm × 118 cm
Milano, Brera
Detail 细节

(Source: Jacob Burchardt, The Altarpiece in Renaissance Italy, Phaidon, Oxford, 1988)
（来源：雅各布·伯查特，意大利文艺复兴时期的祭坛，Phaidon，牛津，1988 年）

第7章 情感与想象

“这种综合的能力指向一种原始的感觉与理解的统一，想象力在感觉或理解的任一官能发生作用前，引发了这种统一。想象力的这种综合作用以感知和理解的能力为前提，它的确太原始了，以至于它在我们背后运行，好像是无意识地。这一令人惊奇的想法，或许能解释为什么西方哲学用了近两千年的时间才正式承认这种能力的存在……”

——理查德·卡尼（Richard Kearney）[1]

29

想象力的现实

想象力通常会与创造能力或艺术领域产生特定的联系，然而想象的能力是我们精神存在的基础，也是我们处理刺激和信息方式的基础。脑生理学家和心理学家的研究已经表明精神图像和视觉感知被记录在大脑同一区域，且这些图像与我们自己的双眼所感知的内容一样，拥有完整的经验的真实性。[2] 毋庸置疑，在其他感知领域，实际的刺激和想象都彼此类似，因此，具有与经验同等的“真实”。当然，这种外部与内心经验的密切与一致，无须心理学研究证明，对于任何天才的艺术家而言都是不证自明的。

经验、记忆和想象在我们的意识中性质等同；无论是由记忆、想象，还是通过实际的经验唤起的事物，都可能使我们获得同样的感动。艺术创造了与实际遭遇同样真实的图像与情感。从根本上讲，一件艺术作品使我们以剧烈的方式与我们自身、我们自己的情感和我们的在世之在（being-in-the-world）相遇。一次真正的艺术和建筑体验，首先是一种被强化的自我意识。一件艺术品或一座建筑物，不论是数千年前制出或建成，抑或产生于一种我们完全陌生的文化中，之所以触动我们，是因为通过作品我们与人类存在的永恒当下相遇，并由此重新发现了我们自身在世之在的现实。艺术与建筑的一个悖论（paradoxes）是，尽管所有打动人心的作品都是独特的，它们却反映了人类存在经验中普遍或共享的东西。这么说来，艺术是同义反复的；它一次又一次重复着相同的基本表达：在世界上作为人类一员存在的感觉是什么。

对我来说，我曾经遇到的最令人感动和神秘难解的建筑作品之一，当然是日本京都的龙安寺禅庭（Ryoan-ji Zen Garden）。那种妙不可言的丰富、精妙以及这座园林艺术的诗意，在于它并不表达任何观点或理论；十五块岩石踞于被耙过的沙表面，只是存在着，并投射出一种结合了神秘与尊严、模糊与完整的感觉。

艺术与建筑为我们提供了别样可选的身份与生活情境，这是其最伟大的精神任务。伟大的作品通过一些最具才华的人类个体的存在经验，为我们提供了经验我们自身存在的可能。这是所有艺术中存在的奇迹般的慈爱的平等。所有艺术的效果或影响都基于自我对经验对象的认同，或自身向对象的投射，梅兰妮·克莱因（Melanie Klein）提出这一观点。豪尔赫·路易斯·博尔赫斯指出艺术体验的真实场所："苹果的味道……在于水果与味觉的接触，而非水果自身；相似地，诗意在于诗与读者的相遇，而非印在书页里成行的符号。本质的是那个审美行动、那种震撼、那种伴随每次阅读到来的几乎是身体性的情感。"[3]

我们通过我们的具身存在（embodied existence）与投射、识别的能力（capacity of projection and identification）去体验一件建筑或艺术作品。一次艺术的体验激发了一种具身的、无差别的和感受到万物有灵的原始模式；主客体的分别和两极化暂时消失，而物质世界在与我们的相遇中仿佛具有它自身的生命能量。艺术表现的对象的光荣之美，抑或可鄙之丑，霎时间都与我们具身化的经验产生共鸣。我们当中的许多人为个人的损失和悲剧哀恸的程度，远不及为文学、戏剧和电影中虚拟人物的命运哀恸时那么强烈，这些虚拟人物往往是从某位伟大艺术家自身的存在经验中萃取出的。建筑的丑陋或存在的虚假会使我们感到异化或自我意识的减弱，并最终令我们患上精神和身体的疾病。

30

想象力的天赋

人类境况的独特之处在于：我们生活在由我们的诸多经验、回忆和梦境所创造并维系的充满可能性的多重世界里。想象和做白日梦的能力毫无疑问是我们的诸多精神能力中最人性和本质的。或许，我们之所以为人类，并非因为我们的双手或智力，而多亏了我们想象的能力。如果无从想象我们行动的结果，我们便无法有意义地用我们的双手。然而我们当今文化中过剩的、没有层次的、缺乏意义的图像洪流——引用卡尔维诺（Italo Calvino）的表达即为："一场无尽的图像雨"（an unending rainfall of images）[4]——抹平我们想象的世界。想象力没有空间，因为所有可以想象的东西都已在此。J·G·巴拉德（J.G. Ballard）在他的小说《撞车》（*Crash*）前言中写道："幻想与现实之间的关系被上下颠倒……我们愈发生活在虚构的世界中，这就是为什么作家的任务不是去创造虚构之事。虚构之事已经存在，因此，不如说作家的任务是去创造现实。"[5]我感到相似的是，今天的建筑想象力在计算机的辅助和准许下，正在产生太多的建筑虚构物，我们更应该去设计"现实的建筑"——在此我转述了迈克尔·本尼迪克特（Michael Benedikt）著作的标题。[6]我们渴望一种能将我们带回到物质和材料的具体现实世界的建筑。不是怀着伤感，渴望某个失落世界，而是一个被某一种建筑重新唤起生命力和爱欲的世界，这种建筑让我们体验整个世界而不是它本身。

相较于阅读书本时唤起的那种内在的、鲜活的图像而言，电视机的图像洪流使图像外化，从而使得它们变得被动。被动观看图像与一个人的想象力创造的图像之间有巨大的区别。在娱乐中轻易得到的图像代替了我们去想象。意识产业具有催眠效应的图像洪流将图像从它们的历史、文化和人文语境中剥离，从而“解放”了观看者——他们无须对所见之物投入情感和道德意见。大量的通讯使我们麻木，我们可以在观看最骇人的残忍画面时毫不动容。图像的洪水不断泛滥，已经压制了知觉和情感，让想象力、共情和怜悯心变得压抑和迟钝。

随着我们的想象力逐渐变弱，我们对于不可思议的未来无计可施。理想是某个乐观的想象的投射，所以想象力的丢失必定也会消灭理想主义。在我看来，甚至在当今政治思想中，眼界、理想和选择的缺失是一种政治的想象力畏缩的结果。贫乏的想象力导致实用主义观念泛滥和令人兴奋的远景缺失。一种丧失了想象力的文化，只能生产出末日景象，那是被压制的集体无意识的投射。一个世界一旦缺少想象中的替代性选择，就会因为想象力的缺乏，成为阿道司·赫胥黎（Aldous Huxley）和乔治·奥威尔（George Orwell）笔下那个被操纵的臣民的世界。

教育的责任在于培育和支持人类想象和共情的能力，但是盛行的文化价值观倾向于消灭想象力、压制感觉，以及僵化世界与自我的界线。如今对感觉的训练只与艺术教育领域有关，但是感觉素养和感官思考的精进在人类活动的所有领域中都有不可替代的价值。

31

艺术的现实

艺术影响我们头脑的方式是关于人类交流的最神秘的事物之一。肤浅地使用“象征”（symbolisation）和“抽象”（abstraction），以及对新事物的迷恋这些概念，扰乱和模糊了对艺术的本质和脑力工作的理解。一件艺术或建筑作品并非一个符号，表达或间接描绘它自身之外的什么东西；它是将其自身直接置于我们存在经验中的一个图像对象。在艺术的上下文中我们应当带着批判性与质疑地看待象征这一概念。举个例子，安德烈·塔科夫斯基（Andrey Tarkovsky）的电影看似被象征的意义所浸透，他却强烈否定作品中任何特定的象征。在他的电影中，房间被水淹没，水渗透了屋顶，雨水延绵，然而他坚决声称：“在我的电影中，下雨时，只是在下雨而已。”[7]

萨特也对艺术表达中的象征概念提出了批评。在他看来，艺术创造事物而非符号，他写道：“丁托列托（Tintoretto）并没有决定各各他（Golgotha）山上方裂开的黄色天空来代表痛苦或唤起痛苦。”“不是痛苦的天空或者被痛苦笼罩的天空；而是一件与痛苦相称之物，一种变成了裂开的黄色天空的痛苦……它变得不再‘可读’。”[8]类似地，米开朗琪罗设计的劳伦西亚图书馆（Laurentian Library，1524—1559年）的楼梯厅和美第奇家族教堂（Medici Chapel，1505—1534年）极富寓意的雕像，也并非忧伤的象征，它们是陷入一种忧伤状态的建筑——或者更准确地说，我们将自己形而上的悲肃感受借给了这些建筑。

路易斯·康的建筑也不是形而上的象征符号；它们是一种以建筑为媒介进行形而上的沉思的形式，康的建筑让我们认识自身存在的界限，并使我们深入思索生活的本质。它们凭借独特的强度引导我们体验自身的存在。相似地，早期现代主义的杰作并没有通过建筑象征来描绘乐观主义与对生命的热爱。可是即便在建筑师构想出这些建筑的几十年后，它们仍唤起并保持着这种积极的感觉；它们唤醒、生出我们灵魂中萌动的希望。贡纳尔·阿斯普伦德（Gunnar Asplund）的斯德哥尔摩博览会（Stockholm Exhibition，1930 年）这一令人愉悦的建筑不是乐观主义的象征符号，而阿尔瓦·阿尔托的帕米欧疗养院（Paimio Sanatorium，1929—1933 年）也不只是某种疗愈的隐喻；时至今日这些杰作仍然为一个更美好的未来提供了令人欣慰的承诺。

当然，一件艺术作品或许有象征性的内容与目的，但它们对作品的艺术感染力或生命力却没有意义。哪怕最简单的艺术品从外观上来看，也不会缺少意义，或不与我们存在和经验的世界相关联。一件令人印象深刻的作品通常是一幅凝练的图像，通过一个绝无仅有的图像，艺术作品能传达出在世之在（being-in-the-world）的全部经验。然而，如安东·艾仁兹维格（Anton Ehrenzweig）所写：“科学的抽象区别于空洞的概括，就好比有力的抽象艺术区别于无意义的装饰。”[9] 用安德烈·塔科夫斯基的话说：“图像并非导演表达的一种确定含义；而是反射在一滴水中的整个世界。”[10]

相类似地，建筑的心理影响不是来自一场形式或美学的游戏；它产生于对生命的一种真切感觉的诸多经验。建筑不发明意义；它能打动我们只是因为它能触动已经深埋在我们具身记忆中的一些东西。

32

艺术与情感

建筑作为一种艺术形式传达并唤起了存在的感受和知觉。然而我们时代的建筑已经让情感变得平淡化，而且经常完全去除一些极端的情感，比如忧伤和狂喜、悲痛和迷醉。

由文学作品、绘画和电影构思出的场景和街道，因为浸润了情感，和石头建造的房屋与城市一样真实。卡尔维诺（Italo Calvino）笔下“看不见的城市”丰富了世界的城市地理，就像通过数千只手的劳作建立起来的实体城市一样。爱德华·霍普（Edward Hopper）那些平淡无奇、孤寂的房间，或是梵高（Vincent van Gogh）画下的阿尔（Arles）地区寒酸的小屋，都充满活力与情感，就像我们居住其中的“真实”房屋一样。安德烈·塔考夫斯基（Andrey Tarkovsky）《潜行者》（*Stalker*）影片中的那个“区”（The “Zone”），透露着一种难以言说的恐怖和灾难的气氛，这当然比拍摄现场——爱沙尼亚某处不知名的工业建筑——在我们的经验中更加真实，因为电影大师拍摄的景象包含着更重要的人文意义，这非物理真实的原物可比。在《潜行者》指引下，寻找那神秘“房间”的“那位作家”和“那位科学家”终于接近了那间看似平常的房间，然而这些旅行者们的想象，以及电影的观众的想象，已经将这里变成了形而上的意义的一个中心点。这间普通的房屋由此变成德日进（Teihard De Chardin）* 所说的“终极”（Omega），“一个从此看世界，世界完整无缺、正确无误的视点。”[11]

* 皮埃尔·泰亚尔·德·夏尔丹（Pierre Teilhard de Chardin），中文名德日进，生于法国多姆山省，哲学家，神学家，古生物学家，天主教耶稣会神父。德日进在中国工作多年，是中国旧石器时代考古学的开拓者和奠基人之一。——译者注

33

作为交换的艺术体验

在艺术与建筑的体验中，发生着一种奇妙的置换：我将自身的情感与联想投射到作品上或空间里，而它交予我它的灵气（aura），这个灵气解放我的感知和思索。在约瑟夫·布罗茨基（Joseph Brodsky）看来，一首诗歌告诉它的读者："像我一样生活。"[12] 作品暗示的想象空间变为现实，变成我经验的生活世界的一部分。例如，当我感受米开朗琪罗的建筑那动人的忧伤时，事实上我是被自己的忧思所打动，建筑作品唤醒了这忧思，这忧思又反射到作品上。我将我的忧伤借给劳伦西亚的楼梯厅，就像当我阅读陀思妥耶夫斯基（Dostoyevsky）的《罪与罚》时，我将自己失落等待的经历借予拉斯柯尔尼科夫（Raskolnikov）。这种对艺术作品以及它所描绘的场景的认同，是如此充满力量，以至于我都不忍看着提香（Titian）的画作《活剥马西亚斯》（*The Flaying of Marsyas*），画中那个萨梯* 在阿波罗（Apollo）的报复中被活活剥皮——因为我仿佛感到自己的皮肤正被暴力地剥开。

一件建筑作品的体验不是一系列孤立的视网膜上的图画，人们触摸它，并身居在它丰富而完整的材料和具身与精神的本质（embodied and spiritual essence）之中。深奥的作品通常就是一个世界或完整的微观宇宙。它为眼睛的触摸提供了令人愉悦的形状和表面，而它也融入并整合了物质与精神的结构，给我们的存在体验更加强烈的统一感和意义。伟大的建筑加强并表达我们对重力和物质性、水平或垂直、上与下的维度的理解，还有对存在、光线和静默之永恒奥秘的理解。

* satyr，希腊神话中的一种森林之神，具人性而有羊尾、耳、角等。——译者注

注释

1　理查德 · 卡尼，《想象的觉醒》（*The Wake of Imagination*），Routledge（伦敦），1994年，第191页。

2　伊尔波 · 科约博士（Dr Ilpo Kojo），“Mielikuvat ovat aivoille todellisia”［“图像对于大脑是真实的”（images are real to the brain）］，Helsingin Sanomat，1996. 05. 16（尤哈尼 · 帕拉斯玛译）。Dr Stephen Kosslyn 在哈佛大学所带的研究小组已经确立，大脑主管图像形成的区域和眼睛产生视觉感知并处理神经信号的区域相同。内部图像显现的大脑这一区域的活动与看到实际图像时的活动相类似。

3　博尔赫斯（Jorge Luis Borges），《诗选 1923—1967 年》，企鹅图书（Penguin Books），1985 年，引自 Sören Thurell，《思考的阴影——建筑中的两面神（Janus）概念》，建筑学院，皇家工学院（斯德哥尔摩），1989 年，第 2 页。

4　卡尔维诺，《新千年文学备忘录》，Vintage Books（纽约），1993，第 57 页。

5　拉尔斯 · 史文德森（Lars Fr H Svendsen），《无聊的哲学》（*Philosophy of Boredom*），塔米（Tammi）出版社（赫尔辛基），2005 年，第 92 页（英文由尤哈尼 · 帕拉斯玛译）。

6　米歇尔 · 本尼迪克特，《为了一个真实的建筑》，Luman Books（纽约），1987 年。

7　安德烈 · 塔科夫斯基，《雕刻时光：塔科夫斯基的电影反思》（*Sculpting In Time—Reflections on the Cinema*），The Bodley Head（伦敦），1986 年，第 110 页。

8　萨特，《什么是文学》，Peter Smith［格洛斯特（Gloucester），马萨诸塞州］，1978 年，第 3 页。

9　安东 · 艾仁兹维格，《艺术隐藏的秩序》（*The Hidden Order of Art*），Paladin，St Albans, Hertfordshire，1973 年，第 146 页。

10　塔科夫斯基，《雕刻时光》，参见前面引用的书，第 110 页。

11　尤哈那 · 布隆姆斯达特（Juhana Blomstedt），Muodon arvo，《形式的重要性》（*The Significance of Form*），Timo Valjakka 编辑，Painatuskeskus（赫尔辛基），1995，（尤哈尼 · 帕拉斯玛译）。

12　约瑟夫 · 布罗茨基，《论悲伤与理智》，Farrar Straus & Giroux（纽约），1997，第 206 页。

Masaccio 马萨乔，Brancacci-kappelin seinämaalaus 布兰卡奇教堂壁画，Veroraha 税收，1424—1427 年
247 cm × 597 cm

(Source: Umberto Baldini, Ornella Casazza, La Chapelle Brancacci, Gallimard/Electa, 1991)
（来源：翁贝托·巴尔迪尼，奥内拉·卡萨扎，布兰卡奇礼拜堂，加利马德 / 伊莱卡，1991 年）

第8章 理论和生活

我们在生活中丢失的生命何在？

我们在知识中丢失的智慧何在？

我们在信息中丢失的知识何在？

——T·S·艾略特[1]

34

理论和制作

在文章“雕塑家说”（The sculptor speaks）中，亨利·摩尔——20世纪无可置疑的最伟大的艺术家之一——写到创造性工作和对它的分析之间的关系，他这样写道：“一个雕塑家或画家过于频繁地说或写自己的作品是一种错误。这样做会释放他的工作所需要的紧张感。如果试图用逻辑的精确性圆满地表达他的目的，那么艺术家很容易变成一个理论家，而他的实际作品就会变成用逻辑和语言演化出的，囿于概念的说明。”[2]

这篇文章表达了一位艺术家典型的对于艺术工作中的文字化、理性和理论化作用的疑虑。然而，雕塑家将直觉的、自发的制作行动，和创造行动具有的无意识的和综合性的本质，与人类理性分析的能力相结合：“然而尽管思维中无逻辑的、本能的、潜意识的部分在他的工作中占一席之地，他也有一个有意识的心智，它并不是不活跃。艺术家工作时集中于自我个性的发挥，其中有意识的部分解决冲突、组织记忆，并防止他努力同时向两个方向走。”[3]

马蒂斯与摩尔关于艺术家意图的文字说明持有同样的疑虑，他对有抱负的青年画家的忠告更为激进：“首先你必须割掉你的舌头，因为你的决定夺去了你用你的画笔以外的东西表达你自己的权利。”[4]

今天对理论在艺术领域中角色的担忧似乎成为普遍的困惑，这一担忧同样存在于建筑理论和建筑实践的关系中。人们通常认为，采取某种理论观点，做出明确的、文字的哲学阐述，是设计有意义的建筑的先决条件。其结果是，建筑教育日趋被概念化和意图的明确表达所主导，而且今天的先锋派建筑很多时候纯粹就是表达智性和理论观点的媒介。

就我个人来说，我不认为有必要或甚至有可能有一套完备的、规范的建筑理论，来产出设计的方案和意义。然而同时，我能理解建筑概念、哲学和理论分析，的确有其显著的作用。而且最重要的是，设计者需要对他们的抱负和方法保持足够的清醒，来防止他们“同时向两个方向远行”，就像雕塑大师建议的那样。

35

理论与制作的对抗

也许比理论和建筑之间的关联性更有意思的是，在理论出发点与创造性探索之间的距离、张力和辩证的互动。有些令人吃惊的是，安藤忠雄（Tadao Ando）曾表达出对功用（functionality）与无用（uselessness）之间一种仿佛对立的渴望："我相信在确保功能基础后，我们可将建筑从功用性中剥离。换句话说，我想看看建筑可以在多大程度上追求功能性，然后在功能性的追求满足后，再看看建筑又可以多大程度地远离功能。建筑的意义便在它与功用性的距离中建立起来。"[5]

在任何创造性领域，非学习（un-learning）过程与学习过程同等重要，忘记与记忆同样重要，不确定与确定也同样重要。例如，加斯通·巴什拉（Gaston Bachelard）写到过忘记知道的事物的意义："获得知识必须……伴随着一种同样重要的忘却获得知识的能力。无知识（non-knowing）并非一种无知的形式，而是一种艰难的对知识的超越。这是一切终生的创作必须付出的代价，是一种纯粹的开始，使这终生创作的创造性在自由中得以实践。"[6] 知识，当它变为个人身体与个性的一种成分后，被忘记，才能有助于创造性的尝试。在看向世界或一项具体工作的刹那，仿佛我们从未与之相遇过，这才是创造的瞬间与心境。

在艺术制作中，如果还没有彻底忘掉理论或智性的意识，就需要压制它。更确切地说，只有脱离了意识的关注的具身知识（embodied knowledge）中才对创造性工作有用。豪尔赫·路易斯·博尔赫斯挑衅般评论自己的工作习惯：“当我写点儿什么时，我试图不去理解它。我并不认为智性与一个作家的作品有什么关系。我认为现代文学的罪恶之一便是它过于具有自我意识。”[7] 甚至在骑自行车这样的简单动作中，当我们通过身体记忆无意识地完成动作时，有关如何让自行车保持直立的理论知识就不那么重要了；如果你试图思考在骑车这样动态且复杂的平衡动作中，理论上或事实上究竟发生了什么，你就很容易立即跌倒。摩谢·费登克莱斯（Moshé Feldenkrais）总结道：

> “做某个动作并不代表我们了解它，哪怕是最浅显的：我们在做什么或者我们怎么做。如果我们试图在有意识的状态下做某个动作——也就是遵循所有的细节——我们马上便会发现，即便最简单、最普通的动作，比如从一把椅子上起身，都是一个谜，我们完全不知道这是怎么做到的。”[8]

诗人、雕塑家或建筑师通过他/她们整个身体与精神存在（physical and mental being）进行工作，而不是首先通过智力、理论或习得的专业技能。事实上，需要忘记已经学到的东西，它们才变得有用。伟大的巴斯克*雕塑家爱德华·奇利达（Eduardo Chillida）曾经在一次谈话中对我说：“在我的工作中，我从没用到过在我开始一项新的艺术项目之前已经知道的任何事物。”[9]

艺术或创造性工作的根本特性是无意识和协作，当我们理解这一本性，便能想象忘记与知道、学习与非学习这矛盾的同时性。真正的艺术家和制造者与手艺安静的传统合作，并利用手工艺传统中积累下来的关于它的缄默的（tacit）的知识。

艺术作品往往必然是在多层面同时协作的成果。正如约翰·杜威（John Dewey）在他重要的著作《艺术即经验》（*Art as Experience*，

* 巴斯克自治区位于西班牙中北部，北临比斯开湾，东北隔比利牛斯山脉与法国相邻，居民说巴斯克语。——译者注

1934年）[10]中告诉我们的，艺术的一面产生于作品和其读者/观者的相遇。艺术的体验是作者与读者、画家与观者、建筑师与居住者之间的一种合作努力。就像萨特的评论："精神产品这个既是具体的又是想象出来的客体，只有在作者和读者的联合努力之下才能出现，正是作者与读者共同的努力，带来如此实在的场景，带来心智运思的想象对象。若没有他者，不依赖他者，便没有艺术。"[11]

沃尔特·惠特曼（Walt Whitman）意味深长地说："只有当伟大的读者存在时，才有伟大的诗歌。"[12]同样可证，当有好的栖居者与拥有者时，才会有好的建筑；然而，我们这些沉醉于物质主义与消费世界的公民，难道不是失去了栖居的能力，于是无法做建筑空间和叙事的伟大读者/使用者，也没有能力推动建筑的进步？路德维希·维特根斯坦（Ludwig Wittgenstein）在他的一条笔记中暗示，情况也许的确如此："建筑能让事物不朽、获得光荣。因此当没有什么东西值得赞颂时，也就没有了建筑。"[13]我们难道不是丢失了我们的文化及个人生活中值得赞颂的维度？我们难道不是在迷恋着的物质世界中失去了理想（ideals）的维度？建筑的思考来自给定的条件，但它永远渴望一个理想。因此，丧失生活的理想之维度便意味着建筑的消失。

建筑作品很少由建筑师单独完成，建筑物的建成来自数十个、而通常是数千个的个人、专家、建造者、手工艺人、工程师以及发明家的协同努力。但在另一个更基本的意义上，建筑也是一种合作。有意义的建筑构建于传统之中，并构成、延续一项传统。米兰·昆德拉（Milan Kundera）在他的《小说的艺术》（*The Art of the Novel*）一书中写到"小说的智慧"[14]，他认为：所有伟大的作家都倾听这种智慧，因此所有伟大的小说都比其作者更具智慧。毋庸置疑，也存在着"建筑的智慧"，而所有深刻的建筑师都在他们的工作中倾听这样的智慧。但凡配得上他手艺的建筑师并不独自工作，他与建筑的整个历史一同工作，就像T·S·艾略特（T S Eliot）描写具有传统意识的写作者说的"骨子里"（in his bones）[15]如此。

传统的伟大馈赠便是我们可以选择我们的合作者；如果我们足够智慧，我们可以与伯鲁乃列斯基和米开朗琪罗合作。

维特鲁威在他的第一本书中强调了在理论基础之外具备手工技能的重要性："因此建筑师若只关注手工技艺却没有文化便无法取得与他们劳动相应的声誉，而那些依靠理论和文献的人，显然只是在追随影子而非实际状况。但那些两者都掌握的人，好似全副武装，能很快获得影响力并达到他们的目的。"[16]

在我看来，建筑学科需要建立在以下三位一体的基础上：概念分析、建筑制作、和处在它的全部精神、感官和情感的范围之中体验建筑——或与建筑相遇。我想强调的一点是，与建筑饱含情感地相遇，对于创造有意义的建筑或是对它的欣赏及理解都是不可或缺的。若不根植于复杂与微妙的体验，设计实践将会枯萎凋谢，变成死气沉沉的专业主义，全无诗意，也无法触及人类的灵魂。而如果不能被亲身与建筑的诗意相遇所滋养，一个理论调查注定成为陌生的和空想的——至多精心描述了建筑显明的元素之间的理性关系。但是在艺术现象中不存在这样的"元素"——从整体中剥离出完整意义的部分。

36

建筑作为生活的图像

建筑给我们提供了最重要的存在符号，通过它我们能够理解我们的文化和我们自身。现代主义的重要作品是一种生活现实的图像，以及一种刚受到解放的生活方式；而我们这个时代的作品通常只是建筑本身自我指涉（self-referential）的图画。当今著名的建筑作品常常处理哲学议题的再现多过心灵的满足；它们是这个学科自身内部的一些话语，不反映真实的生活。

我可能是最后一个质疑学院和理论研究有效性的人，但是我想要提倡由敏锐的感觉和善于接受、感同身受的心作出的研究。建筑是一种诉诸眼睛、双手、头脑和心灵的艺术形式。建筑实践要求精准、敏锐的观察，因此需要眼睛。它要求手的技巧，我们必须海德格尔式地将手理解为处理想法的一种活跃的工具。因为建筑是建造和物理制作的艺术，它的过程和源起也正是它所表达之事的基本原料。建筑师需要他 / 她的头脑来清醒地思考——伟大的建筑作品从来不会从混乱的思绪中产生。然而建筑需要一种特殊的思考门类，一种通过建筑本身这一媒介进行的具身的思考。最终，建筑师需要他 / 她的心灵，去想象真实的生活情境，去为人类命运感到热忱。依我看来，心灵的天赋才是建筑设计的前提，而在充斥着个人中心主义和虚假自信的今天，这种天赋被低估了。

37

艺术的任务

当如今的消费者、媒体、信息的文化通过主题化环境、商业氛围和令人麻木的娱乐，来逐渐操纵人类大脑时，艺术具有保护个人体验自主性（autonomy of individual experience）的使命，并且为人类境况提供存在的基础。艺术最主要的任务之一就是保护人类体验的真实性与独立性。

我们生活的大环境正不可抵抗地成为大规模生产和全球贩售的“刻奇”（kitsch）*。我认为，在可预见的未来中，相信我们迷恋物质文化的这段进程将得到改变，是一种没有根据的空想。但恰恰因为对未来先进科技文化的这一悲观主义视角，建筑与艺术的伦理任务才变得如此重要。在一个最终每件事物都变得相似、不重要及没有后果的世界里，它们需要保持意义的差异，尤其为感觉经验的和存在的品质保持那道评价标准。捍卫生命的奥秘及生活世界的爱欲（the eroticism of the life world），是艺术家和建筑师一直以来的责任。

伊塔洛·卡尔维诺论述道：“只有当诗人和作家给他们自己设定他人不敢想象的任务时，文学才能继续发挥作用。”“文学的巨大挑战是要能够将知识的不同分支，即多样的‘代码’，编织到一个多样、多层面的世界视野中。”[17] 在我看来，对未来建筑的信心必须建立在完成其特定任务所需的那种知识之上；建筑师需要为自身设定其他人不知道如何去想象的任务。居住空间的存在意义（existential meaning）只能由建筑艺术来揭示。

* “刻奇”或译为“媚俗”。指对现存艺术风格欠缺鉴赏地作复制，或是对已获广泛认同的艺术作毫无价值的模仿。——译者注

因此建筑一直有着一个伟大的人文任务，那便是调解这个世界与我们自身，并提供一种理解人类存在境况的视野。

卡尔维诺在他的《新千年的文学备忘录》（*Six Memos for the Next Millennium*）中写道："我对文学未来的信心，在于我知道有些东西只能靠文学，用它特定的方式给我们。"[18] 他又继续写道（在另一章节）：

> "在其他媒体都超乎想象地快速、无远弗届、高奏凯歌，且眼看就要把一切沟通都简化成单一、同质的表面的时代，文学的功能是沟通各不相同的事物，且仅仅因为它们各不相同而沟通，非但不锉平甚至还要锐化它们之间的差异，恪守书面语言的真正旨趣。"[19]

在我看来，建筑的任务是保持存在空间的差异、秩序，以及清晰揭示存在空间的性质。与其参与进一步加速的世界体验进程，建筑未若放慢人类体验的脚步，让时间停滞，保护自然而然的缓慢和体验的多样性。建筑必须保护我们免于过度的暴露、噪声和交流。最终，建筑的任务是维持并保护静默。

人们普遍认为艺术就是一种用艺术的制品来反映现实的手段。而我们这个时代的艺术常常发人深省地反映着异化与痛苦、暴力与非人性的体验。在我看来，仅仅反映与再现主流现实并不是艺术最恰当的任务。艺术不应该增加或强化人类的苦痛，而是应该减轻它。建筑与艺术的责任是去考察理想以及新的感知和体验的方法，由此展开并拓宽我们生活世界的边界。

注释

1 T·S·艾略特，《岩石》一诗的副歌，摘自《诗歌与戏剧全集》，Faber&Faber（伦敦），1987年，第147页。
2 亨利·穆尔，"雕刻家说"，摘自Philip James（编辑），《亨利·摩尔论雕塑》，MacDonald（伦敦），1966年，第62页。
3 见上文所引该作者之著作。
4 Alfred H Parr，《马蒂斯：他的艺术和他的大众》（*Matisse: His Art and His Public*），1951年，引自Jack D Flam（编辑）《马蒂斯的艺术》，EP Dutton（纽约），1978年，第9页。
5 安藤忠雄，"安藤忠雄情感营造的建筑空间"（The emotionally made architectural spaces of Tadao Ando），1980年，引自肯尼思·弗兰姆普敦（Kennethe Frampton），"The work of Tadao Ando"，GA Architect 8: 安藤忠雄，ADA Edita（东京），1987年，第11页。
6 加斯通·巴什拉，"介绍"（Introduction），《空间诗学》，Beacon出版（波士顿，马萨诸塞州），1969年，第XXIX页。
7 豪尔赫·路易斯·博尔赫斯，《诗艺》（*This Craft of Verse*），哈佛大学出版（剑桥、麻省和伦敦），2000年，第118页。
8 摩谢·费登克莱斯，《通过行动的认识》（*Awareness Through Movement*），Harper & Row（纽约），1977年，第46页，引自Frank R Wilson，《手：它的使用如何形成大脑、语言和人类文化》（*The Hand: How Its Use Shapes the Brain, Language and Human Culture*），Pantheon Books（纽约），1998年，第242页。
9 1987年在赫尔辛基，奇利达与作者之间的私人餐桌对话。
10 约翰·杜威，《经验即艺术》，Perigee Books（纽约），1980年。
11 让－保罗·萨特，"什么是文学?"（What is Literature?），《基本写作》（Stephen Priest编辑），Routledge（伦敦和纽约），2001年，第264页。
12 引自约瑟夫·布罗茨基（Joseph Brodsky），《小于一》（*Less Than One*），Farrar Straus & Giroux（纽约），1997年，第179页。
13 路德维希·维特根斯坦，《文化与价值》（*Culture and Value*）（Georg Henrik von Wright与Heikki Nyman合作编辑），Blackwell出版（牛津），1998年，第74 e页。
14 米兰·昆德拉，《小说的艺术》[*Romaanin taide*（*The Art of the Novel*）]，Werner Söderström（赫尔辛基），1986年，第165页（尤哈尼·帕拉斯玛译）。
15 T·S·艾略特，"传统与个人才能"（Tradition and the Individual Talent），《诗选》（*Selected Essay*），Faber & Faber（伦敦），1948年，第14–15页。"历史感不仅加入了过往不复存在的感觉，然而也加入了它的在场。历史感促使一个人去写作，不仅仅带着骨子里他同代人的印记，更是带着整个文学的感觉……具有即时的存在并且构成即时的秩序。"
16 Frank Granger，《维特鲁威建筑》（*Vitruvius on Architecture*），William Heinemann（伦敦）和哈佛大学出版（剑桥，麻省），1955年，第7页。
17 伊塔洛·卡尔维诺，《新千年的六个备忘录》（*Six Memos for the Next Millennium*），Vintage Books（纽约），1993年，第112页。
18 同上。
19 同上，第45页。

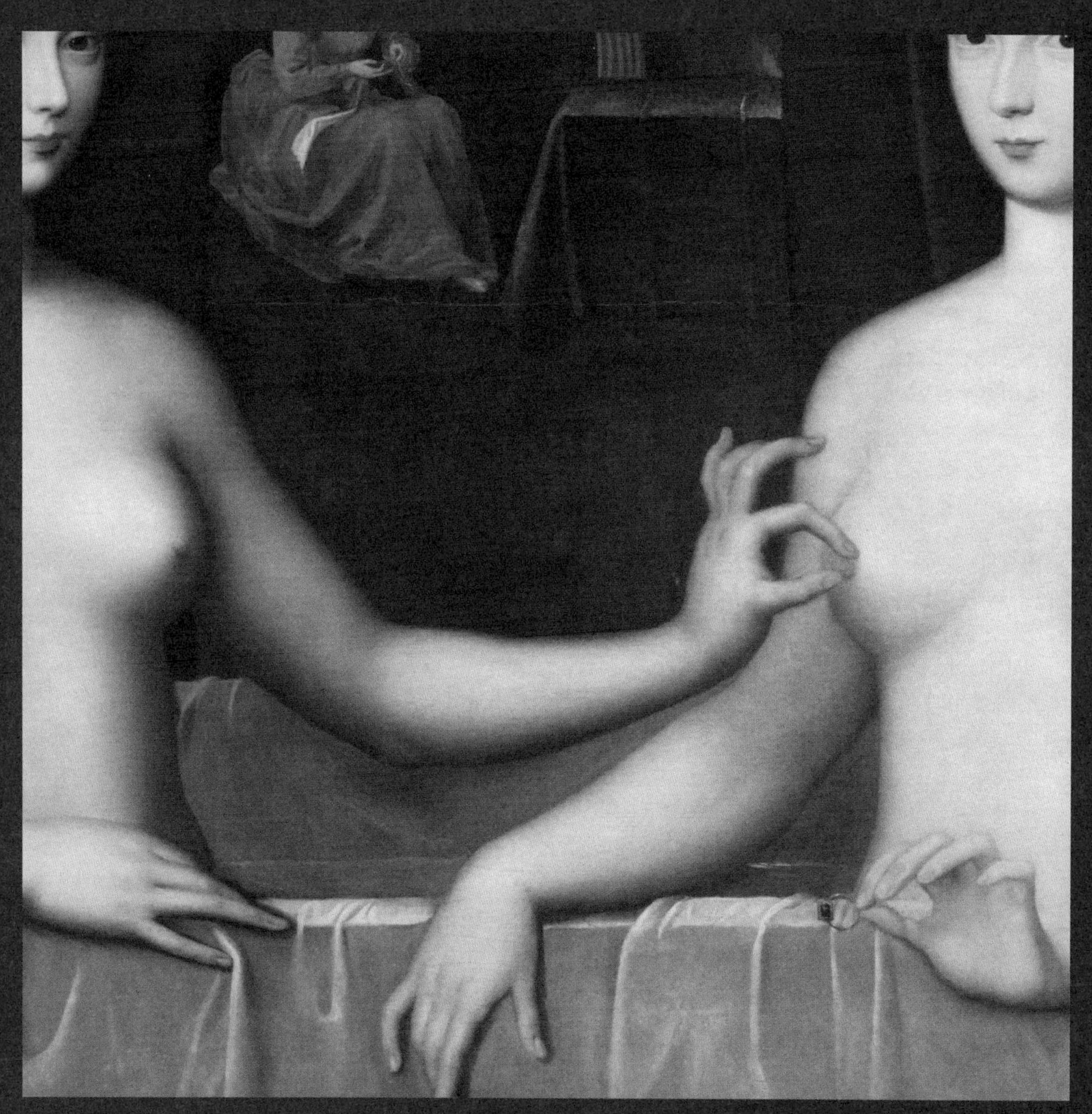

Fountainbleau School 枫丹白露画派
Gabrielle d'Estrées ja hänen sisarensa
《加布莉埃尔 · 德斯特蕾姐妹》，约 1594 年
Louvre 卢浮宫

(Source: Wikimedia Commons, Scuola di fontainebleau, presunti ritratti di gabrielle d'estrées sua sorella la duchessa di villars, 1594 ca. 04.jpg.)
（来源：维基共享资源，枫丹白露宫，据说画中另一名女子是加布里埃尔 · 德斯特蕾（Gabrielle d'estrées）的妹妹维拉公爵夫人 1594 ca. 04.jpg.）

译后记

《思考之手》一书的翻译工作最早始于 2009 年，正是该书英文版问世的同年，当时还在北大建筑学研究中心读书的我和刘星能在第一时间接触到此书，就萌生出翻译出版的想法，多亏了中心方海老师的介绍和鼓励。方老师在芬兰与北京两地穿梭，从事建筑教育与实践，总能把握建筑学界最新的动态，也是在他的支持下，我和刘星在第二年分别踏上了去芬兰的旅途，拜会了帕拉斯玛先生，从此我们三人之间一直称呼他为老帕。我还能记得老帕的建筑事务所在赫尔辛基老城的一条铺满石子的道路旁，从街道走上二楼拧开铜质的门把手就能直接进入。这里没有那种贴满图纸、海报，充满忙碌工作身影的场面，有的只是书，书架几乎装点了所有墙面，氛围更像是一个图书馆而不是事务所。书架间有一位年轻人在安静地清点资料，听说也是远道而来研究帕拉斯玛的学者，我，作为另外一个远道而来的年轻人，局促不安地坐在外间沙发上等待召见。和老帕聊了什么我一点也不记得了，只记得了自己的紧张，毕竟，声称要做此书的中文翻译我是心虚的，当时我很不理解为什么这么一个简单的道理——即动手能力的重要性——值得这样一个功成名就的人去写一本书来强调，对于西方思想界的现代性批判、工具理性主义批判、身体哲学转向等文脉更是知之甚少。

那次会面我从中国给他带了两件礼物——一副书法和一对核桃，书法不是出自名家，核桃也不是名品，一个年轻人能搞得的水准。当时的我也已经模糊地意识到在中国传统文化里，对手的重视也有各种体现。比如毛笔几乎就是要刻意增加书写难度的一种工具，从发明之初到现在也没有大的革新，想要掌握它需要日复一日的练习，却是每个传统中国文化人的必修课。书写时身体性浑然灌注于头脑智识产生的文字里，仿佛在自我与世界之间加了一道柔性的缓冲地带。[1] 至于核桃，中医认为手是经络末梢，通过揉核桃能达到活络经脉的目的；核桃仁又形似人脑，根据取象类比的观念又有了食补的功效，一对核桃礼物多少也能带来异文化中手脑的某种关联吧。

从着手翻译到现在又过去了十年，我从懵懂的建筑学子成长为建筑技术史的研究者，从自己做学术的角度回顾这本书每次都有新的收获。传统建筑作为技术产物包含着复杂的社会性，然而现代建筑学领域的研究过于注重作为技术结果的物质性层面，所生产的关于古建的相关知识即使不能说激发也至少助长了其被图像化、风格化认知的趋势，正印证了帕拉斯玛所反复批判的现代性对视觉的迷恋。我在自己的研究中尝试运用操作链 [2] 理论去呈现传统营造技艺的本质，其实也是受到本书实践（practice-base）视角的启发。传统社会中建房子从材料选择、位置经营、形制确立到施工建造落成、日常使用，伴随着种种仪式交织其中，每一步环节都深受文化选择的影响 [3]，而具身性特征不仅体现在技术细节里，其本身也是传统文化里重要的组成部分。[4] 这不是中国或者东方独有的现象，诚如帕拉斯玛在开篇就讲到的——在早期的生活模式中，人类与自然物理世界有更充分的感官交互——传统技艺具身性特质的天然土壤。

反观现代社会，在文化上将对身体的重视推向边缘，在生产中身体技艺也被边缘化或被异化，我认为帕拉斯玛通过这本小书在向这两个问题发起挑战：一方面从文化层面梳理西方思想界对具身性问题的重要探讨，另一方面从建筑师的职业身份出发提出实践指向的一系列中肯建议，其中包括回归绘画传统保留具身性带来的创造力：阿尔托设计维堡图书馆时绘制的草图——“被很多太阳同时照亮山坡的山脉奇景”的案例令我深深感叹，帕拉斯玛对现代性弊病批判之深，对建筑师教诲用心之良苦深埋笔端。

从篇幅上看，本书是短小精悍的文献综述，又是论述有力的个人宣言，我认为帕拉斯玛在为我们这个时代的现代性文明打补丁，这样的补丁还不止一块，在此书前后还各有一本著作出版。[5]三本书的主题分别是感觉、身体和精神图像，这三本书构成了一套三部曲，旨在唤回我们当今文化中正在失去的宝贵特质，激愤从事创造性事业并在这个世界上探索存在意义的每一个人。

这本小书的能量是巨大的，我很幸运在非常年轻的时候就接触到了它，翻译和学习让我受益良多，可以说影响了我的学术道路。能够参与它在中国传播的工作我倍感荣幸。此书最后的收尾工作在新冠肺炎疫情期间完成，对世界上的每一个人来说，这都不是一段容易的日子，这本小书能够在这个特殊时期在中国出版我觉得像是一个礼物，希望读到它的人可以从中获得力量，肯定让我们的肉身回归到世界中去的努力。

借此机会我想特意感谢为本书的翻译出版努力过的伙伴，他们是：我的搭档和挚友刘星，出色完成了校译任务的姜山，以及引荐我们认识老帕的方海老师和对校译工作提出宝贵意见的唐克扬老师。

任丛丛

2020年8月

注释

1　本书中也列举了若干西方艺术家通过改变绘图方式来让创作更具有身体性的例子，与书法异曲同工（见本书第 15 节）。

2　操作链（chaîne opératoire）理论，由法国技术人类学代表人物勒儒瓦·高汉提出，1964 年在其著作《姿态与语言》（*Le Geste et la parole*）中，他定义操作链为“技术不仅涉及姿态，而且与工具相关，它按照明确的类似句法的次序规则组织成一个链条，这些规则同时赋予操作者的动作次序以一定的确定性与弹性。”该理论一经提出，立即引起了法国考古学界旧石器研究领域内的范式革命，从静态的类型学研究转向动态的技术观察。经过几十年的发展传播，该理论已经扩展到很多领域。操作链理论框架可以帮助学者重建古代人类社会生产的过程，理解技术在社会中的作用及形制（参考文献：郭梦，“操作链理论与陶器制作研究”，《考古》2013 年第四期，第 96-104 页）。

3　这一视角下的研究已有阶段性成果发表，参考 Congcong Ren，Ruchen Bian and Simiao Li, On Technology and Ritual of Chuandou House Construction in Southwest China: the Case of Dong Minority Area, Built Heritage. Volume2, Number 1, 2018:39-48。

4　中国传统文化里关于技艺的具身性论述见于很多文献记载，所谓“得心应手”，《庄子·养生主》中“庖丁解牛”的故事即是很好的一例。

5　前后两本分别是 *The Eyes of the Skin: architecture and the senses* (London 1995)，与 *The Embodied Image: imagination and imagery in architecture* (2011)，其中《肌肤之目》也是由我和刘星翻译，2017 年由中国建筑工业出版社出版。

著作权合同登记图字：01-2010-5538号

图书在版编目（CIP）数据

思考之手：建筑中的存在与具身智慧 /（芬）尤哈尼·帕拉斯玛（Juhani Pallasmaa）著；任丛丛，刘星译. —北京：中国建筑工业出版社，2020.9（2023.4 重印）
书名原文：The Thinking Hand: Existential and Embodied Wisdom in Architecture
ISBN 978-7-112-25425-5

Ⅰ. ①思… Ⅱ. ①尤… ②任… ③刘… Ⅲ. ①建筑哲学 Ⅳ. ① TU-021

中国版本图书馆CIP数据核字（2020）第169160号

The Thinking Hand: Existential and Embodied Wisdom in Architecture/Juhani Pallasmaa, 9780470779286

责任编辑：李　东　董苏华
责任校对：焦　乐

思考之手
——建筑中的存在与具身智慧
［芬兰］尤哈尼·帕拉斯玛（Juhani Pallasmaa）著
任丛丛　刘　星　译
姜　山　唐克扬　校
*
中国建筑工业出版社出版、发行（北京海淀三里河路9号）
各地新华书店、建筑书店经销
北京锋尚制版有限公司制版
北京中科印刷有限公司印刷
*
开本：787毫米×1092毫米　1/16　印张：10　字数：143千字
2021年1月第一版　2023年4月第二次印刷
定价：80.00元
ISBN 978－7－112－25425－5
（36401）